园林设计

杨淑平 俞洁 周德　编著

中国电力出版社
CHINA ELECTRIC POWER PRESS

内 容 提 要

园林设计是园林（环境艺术设计）专业的核心课程。教材编写以岗位技能培养为目标，以项目设计工作流程为脉络，以典型设计任务为载体，以数字化的教学新形态为特色。教材分为三部分，共九章：第一部分简要介绍园林设计理论；第二部分讲解园林设计实践，按照项目设计工作流程，从"任务引入、任务要素、任务实施"三个板块，结合实操，精讲"园林设计程序、园林平面布局方法、园林构成要素设计"的主要知识内容和技能要求；第三部分通过园林设计项目解析，加深和提升对园林设计实践的理解和认识。

教材每章后附"本章总结、课后作业、思考拓展、课程资源链接"内容，课程资源链接中包括课件、视频、施工图等资料。本书适合作为高等职业院校和应用型本科院校的专业教材，以及专业设计人员的参考用书。

图书在版编目（CIP）数据

园林设计／杨淑平，俞洁，周德编著．—北京：
中国电力出版社，2024.8
高等职业院校设计学科新形态系列教材
ISBN 978-7-5198-8916-6

Ⅰ.①园… Ⅱ.①杨…②俞…③周… Ⅲ.①园林设计－高等职业教育－教材 Ⅳ.① TU986.2

中国国家版本馆 CIP 数据核字（2024）第 099125 号

出版发行：中国电力出版社
地　　址：北京市东城区北京站西街 19 号（邮政编码 100005）
网　　址：http://www.cepp.sgcc.com.cn
责任编辑：王　倩　（010-63412607）
责任校对：黄　蓓　王小鹏
书籍设计：王红柳
责任印制：杨晓东

印　　刷：北京瑞禾彩色印刷有限公司
版　　次：2024 年 8 月第一版
印　　次：2024 年 8 月北京第一次印刷
开　　本：787 毫米 ×1092 毫米　16 开本
印　　张：10
字　　数：292 千字
定　　价：58.00 元

高等职业院校设计学科新形态系列教材

上海市高等教育学会设计教育专业委员会"十四五"规划教材

丛书编委会

序一

党的二十大报告对加快实施创新驱动发展战略作出重要部署，强调"坚持面向世界科技前沿、面向经济主战场、面向国家重大需求，面向人民生命健康，加快实现高水平科技自立自强"。

高校作为战略科技力量的聚集地、青年科技创新人才的培养地、区域发展的创新源头和动力引擎，面对新形势、新任务、新要求，高校不断加强与企业间的合作交流，持续加大科技融合、交流共享的力度，形成了鲜明的办学特色，在助推产学研协同等方面取得了良好成效。近年来，职业教育教材建设滞后于职业教育前进的步伐，仍存在重理论轻实践的现象。

与此同时，设计教育正向智慧教育阶段转型，人工智能、互联网、大数据、虚拟现实（AR）等新兴技术越来越多地应用到职业教育中。这些技术为教学提供了更多的工具和资源，使得学习方式更加多样化和个性化。然而，随之而来的教学模式、教师角色等新挑战会越来越多。如何培养创新能力和适应能力的人才成为职业教育需要考虑的问题，职业教育教材如何体现融媒体、智能化、交互性也成为高校老师研究的范畴。

在设计教育的变革中，设计的"边界"是设计界一直在探讨的话题。设计的"边界"在新技术的发展下，变得越来越模糊，重要的不是画地为牢，而是通过对"边界"的描述，寻求设计更多、更大的可能性。打破"边界"感，发展学科交叉对设计教育、教学和教材的发展提出了新的要求。这使具有学科交叉特色的教材呼之欲出，教材变革首当其冲。

基于此，上海市高等教育学会设计教育专业委员会组织上海应用类大学和职业类大学的教师们，率先进入了新形态教材的编写试验阶段。他们融入校企合作，打破设计边界，呈现数字化教学，力求为"产教融合、科教融汇"的教育发展趋势助力。不管在当下还是未来，希望这套教材都能在新时代设计教育的人才培养中不断探索，并随艺术教育的时代变革，不断调整与完善。

同济大学长聘教授、博士生导师
全国设计专业学位研究生教育指导委员会秘书长
教育部工业设计专业教学指导委员会委员
教育部本科教学评估专家
中国高等教育学会设计教育专业委员会常务理事
上海市高等教育学会设计教育专业委员会主任

2023年10月

序
二

人工智能、大数据、互联网、元宇宙……当今世界的快速变化给设计教育带来了机会和挑战，以及无限的发展可能性。设计教育正在密切围绕着全球化、信息化不断发展，设计教育将更加开放，学科交叉和专业融合的趋势也将更加明显。目前，中国当代设计学科及设计教育体系整体上仍处于自我调整和寻找方向的过程中。就国内外的发展形势而言，如何评价设计教育的影响力，设计教育与社会经济发展的总体匹配关系如何，是设计教育的价值和意义所在。

设计教育的内涵建设在任何时候都是设计教育的重要组成部分。基于不断变化的一线城市的设计实践、设计教学，以及教材市场的优化需求，上海市高等教育学会设计教育专业委员会组织上海高校的专家策划了这套设计学科教材，并列为"上海市高等教育学会设计教育专业委员会'十四五'规划教材"。

上海高等院校云集，据相关数据统计，目前上海设有设计类专业的院校达60多所，其中应用技术类院校有40多所。面对设计市场和设计教学的快速发展，设计专业的内涵建设需要不断深入，设计学科的教材编写需要与时俱进，需要用前瞻性的教学视野和设计素材构建教材模型，使专业设计教材更具有创新性、规范性、系统性和全面性。

本套教材初次计划出版30册，适用于设计领域的主要课程，包括设计基础课程和专业设计课程。专家组针对教材定位、读者对象，策划了专用的结构，分为四大模块：设计理论、设计实践、项目解析、数字化资源。这是一种全新的思路、全新的模式，也是由高校领导、企业骨干，以及教材编写者共同协商，经专家多次论证、协调审核后确定的。教材内容以满足应用型和职业型院校设计类专业的教学特点为目的，整体结构和内容构架按照四大模块的格式与要求来编写。"四大模块"将理论与实践结合，操作性强，兼顾传统专业知识与新技术、新方法，内容丰富全面，教授方式科学新颖。书中结合经典的教学案例和创新性的教学内容，图片案例来自国内外优秀、经典的设计公司实例和学生课程实践中的优秀作品，所选典型案例均经过悉心筛选，对于丰富教学案例具有示范性意义。

本套教材的作者是来自上海多所高校设计类专业的骨干教师。上海众多设计院校师资雄厚，使优选优质教师编写优质教材成为可能。这些教师具有丰富的教学与实践经验，上海国际大都市的背景为他们提供了大量的实践机会和丰富且优质的设计案例。同时，他们的学科背景交叉，遍及理工、设计、相关文科等。从包豪斯到乌尔姆到当下中国的院校，设计学作为交叉学科，使得设计的内涵与外延不断拓展。作者团队的背景交叉更符合设计学科的本质要求，也使教材的内容更能达到设计类教材应该具有的艺术与技术兼具的要求。

希望这套教材能够丰富我国应用型高校与职业院校的设计教学教材资源，也希望这套书在数字化建设方面的尝试，为广大师生在教材使用中提供更多价值。教材编写中的新尝试可能存在不足，期待同行的批评和帮助，也期待在实践的检验中，不断优化与完善。

丛书主编

2023年10月

前言

在喧嚣的城市中，隐藏着一片宁静的绿色乐土，那就是园林。园林不仅是自然和人类智慧的完美交融，也是文化、历史和艺术的传承，更是城市中的绿洲，为人们提供片刻休憩与思考的空间，是城市不可或缺的重要组成部分。作为一门跨学科的课程，园林设计充满了创造性和挑战性，需要设计师有扎实的理论基础，丰富的实践经验和专业技能。在设计过程中，设计师不仅需要对基地的自然环境和人文历史有深刻的理解，更需要综合运用设计原理和技术手段来营造与人们生活密切相关的绿色空间。

为与时代共发展，本教材将园林设计相关的行业知识和技术前沿理论，如景观生态、可持续设计、智能化技术等内容进行逐一介绍。在专业实践部分，设计了两条主线：一是尽可能采用同一案例（社区公园设计）贯穿于课程教学中的"课堂训练"全过程，并延伸至课后作业，使课堂训练与课后练习相结合，让学习脉络更清晰；二是结合课程大作业的任务目标，突出项目引领、实践导向和技能过硬的教学组织形式，做到"学习与调研结合、训练与实战联动、掌握与巩固并行"，培养扎实的专业技能；在项目解析部分，采用真实、完整的设计项目案例进行全过程的内容解析。将第一部分园林设计的基本方法，第二部分园林设计的基本程序、构图方法、园林各要素设计等知识综合运用到第三部分之中。第三部分用具体的园林项目方案来解析园林广场、商业街、居住区绿地的基本设计过程、采用的方法和思路、空间布局等方面内容，为读者提供全面的职业知识和技能储备。

本教材适合高等职业院校和应用本科院校的园林、景观（环境艺术）设计、城市规划设计等专业的师生，以及园林设计行业的从业者使用。

本教材的编写得到了上海浦东建筑设计研究院有限公司、太璞建筑环境设计咨询（上海）有限公司的鼎力支持。教材采用了这两家公司的优秀设计项目案例，对于保证教材的"专业性、应用性、前沿性"，有着极其重要的帮助。

　　本教材的顺利出版，感谢中国电力出版社、上海电子信息职业技术学院、河南融创全界置业有限公司的大力支持；特别感谢责任编辑王倩老师和电子信息学院程宏老师的专业指导，以及太璞公司杨林经理的协助。

　　本教材中使用的部分图片来源于网络，但遗憾的是我们无法确认其出处或作者。感谢这些图片为教材增添了视觉上的丰富性。如果有任何信息可以帮助我们确定图片的出处或作者，我们将不胜感激！

　　受限于编写者的知识水平，书中难免会出现疏漏和不妥之处，请广大读者和同仁批评和指正。

编　者

2024年5月

目录

第一部分

园林设计
理论

第一章　园林设计概述

　　在漫长的人类发展进程中，文明城市生活是其重要的组成部分，但近现代工业文明带来的大规模城镇化发展，导致人与自然环境形成相对隔离的状态。然而人类在生理和心理等方面仍然对大自然有着天然的依恋关系，长期生活在城市中的人们内心仍有回归自然的需求和渴望。这种需求和渴望在人们的行为中主要体现在两个方面：一是通过走进山林，以游山玩水的形式寻求亲近大自然；二是通过营造园林创设"自然"，满足人们回归自然的身心需求。

第一节　园林的概念

　　园林是人类追求美好生存环境的一种表达形式，体现了人们对大自然深厚的情感和对艺术的追求。与此同时，园林具有缓解紧张情绪的功能，已成为人们心灵寄托的场所。通过出色的园

图1-1　吉州窑遗址公园。利用基地自然条件，理水、建桥、营造建筑、布置园路，在保留原有地被基础上进行植物配置，空间上再现了古人制陶场景，以及生活画面，为科研考察、旅游观光提供了模拟场景

林设计，不仅能够展现不同地域、时代和文化的艺术特色，也为人们打造了独特而愉悦的空间环境（图1-1）。

　　园林是指"在一定的地域，运用工程技术和艺术手段，通过改造地形（筑山、叠石、理水）、种植树木花卉、营造建筑、布置园路等途径，创作而成的美的自然环境和游憩环境"。一般认为这是对传统园林的定义。人类在不同的历史阶段，不同的政治、文化背景下，园林的概念都存在着一定的差异。随着社会经济的发展，园林的含义也在不断地发生变化，其内容变得更加充实、范围不断扩大，必将渗透到人们生活的各个领域（图1-2）。

图1-2　无处不在的园林环境。园林诸要素的有机组合可营造宜人的优美环境，给人以视觉、心灵、精神上的享受

第二节　园林设计的含义

　　园林设计是为了满足人们一定目的和用途，在规划的原则下，围绕园林地形，利用植物、山、水、建筑等园林要素创造出具有独立风格，有生命、有活力、有内涵的园林环境。园林设计是一门综合性学科，在设计过程中需要涉及环境科学、心理学、美学、人体工程学、生态学、历史学、人文学、社会学、工程技术等多领域多学科（图1-3）。

　　广义角度来看，园林设计是人们有意识地创造美好生活环境的愿景，运用科学、艺术等手段，结合自然因素策划出一种情景，来满足预期需要的创造性活动。

本章总结

　　本章学习的重点是掌握园林的概念、园林设计及涉及的专业范围，理解园林含义随着社会经济的发展在不断发生变化，了解园林设计的艺术表现，着力培养学生的设计审美和艺术鉴赏能力。

课后作业

　　（1）什么是园林？
　　（2）什么是园林设计？
　　（3）结合自己的生活体验谈谈你对园林的认识。

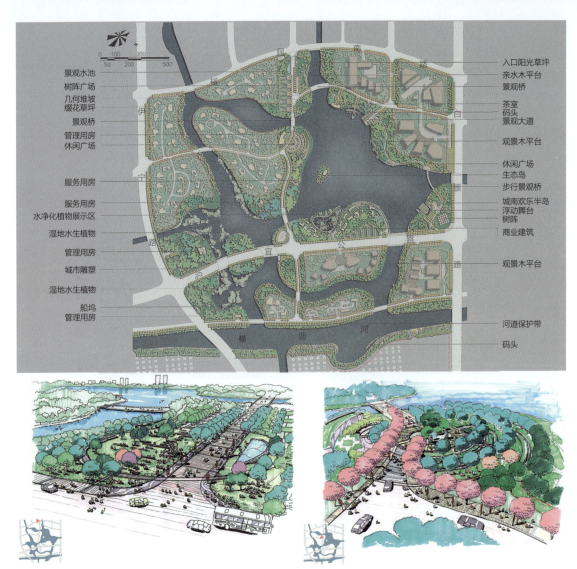

景观水池
树阵广场
几何堆坡
缀花草坪
景观桥
管理用房
休闲广场

服务用房
服务用房
水净化植物展示区
湿地水生植物
管理用房
城市雕塑
湿地水生植物
船坞
管理用房

入口阳光草坪
亲水木平台
景观桥
茶室
码头
景观大道
观景木平台
休闲广场
生态岛
步行景观桥
城南欢乐半岛
浮动舞台
树阵
商业建筑
观景木平台
河道保护带
码头

图1-3　上海嘉定区远香湖景区方案设计。该设计充分体现时代特征，在科学、环境、自然资源、人文关怀等方面都有所体现

思考拓展

　　利用网络、书籍等资源自主学习，了解园林给人居环境带来怎样的变化，思考园林在城市中的功能作用。

课程资源链接

课件

第二章 园林发展简介

第一节 古典园林发展

园林的产生与发展跟社会制度、宗教、文化、审美等因素有着密切的关系，不同的人文背景产生了不同的园林形式。因此，根据文化、地域等特征可将世界园林分为三个体系，即东方园林、西欧园林、西亚园林。也可将西欧园林和西亚园林统称为西方园林（表2-1）。

表2-1   东西方园林发展比较

类别	东方园林发展历程			西方园林发展历程		
	时代	时间	代表性园林	时代	时间	代表性园林
中国古典园林	商周及春秋战国时期	约前11世纪-前221年	商纣王沙丘苑台、周文王灵囿、楚国章华台	古埃及的法老陵园、神苑	约前27世纪-前11世纪	古埃及底比斯法老庄园、巴哈利神庙
	秦汉时期的建筑宫苑	前221年-220年	秦阿房宫、西汉建章宫、未央宫	古罗马的广场园林	约前5世纪-476年	哈德良山庄、洛朗丹别墅、托斯卡那庄园
	魏晋南北朝时期的写意山水园、寺庙园林	220年-589年	芳林园、北魏华林园、石崇金谷园	中世纪的基督教建筑园林、城堡园林	约5世纪-15世纪	巴西利卡寺庭院、罗马的圣保罗教堂、法国比里城堡庭院
	隋唐宋时期的山水建筑宫苑	589年-1271年	华清宫、隋西苑、大明宫、北宋艮岳	意大利的台地园、法国的勒诺特园林	约14世纪-18世纪	美第奇庄园、兰特庄园、法国凡尔赛宫后花园
	元明清时期的皇家园林、江南私家园林	1271年-1911年	圆明园、颐和园、承德避暑山庄、拙政园、留园	英国的风景园林	18世纪前规制式园林 18世纪后自然风景园林	汉普顿宫苑、斯图海德园、查兹沃斯园
日本古典园林	枯山水园林	13世纪至今	金阁寺、福泉寺	现代园林	19世纪至今	法国巴加特尔公园、纽约中央公园、美国黄石国家公园

一、东方园林

1. 中国古典园林

（1）商周及春秋战国时期。这一时期的园林被称作"囿"，园林的主要功能是狩猎、采樵，而游憩功能处于次要地位。园林的主要建筑形式是"高台"，其主要功能作用是娱神，也兼有

"娱人"的需求。此时，人们的大多数活动与祭祀神明有关，娱乐需求则排在次要位置。"囿"与"台"的结合形成了中国古典园林的雏形。这一时期的皇家园林是向民众开放的，主要代表性园林为周文王的灵台、灵沼、灵囿；吴王夫差的姑苏台（图2-1）。

（2）秦汉时期的园林是中国古典园林史上第一个造园活动的高潮。园内除了天然植被外，还广植各种名花异卉，畜养珍禽异兽，供帝王行猎；园内水系丰富，河流池沼众多，汉武帝在昆明湖上训练水师；园内建造了大量的宫、阁、楼、台供游赏居住。这是一座范围极大、拥有狩猎与游憩功能，并兼作生产基地的综合性园林。建章宫开凿太液池，池中堆筑方丈、蓬莱、瀛洲三岛，开启了历代皇家园林的主要造园模式——一池三山（图2-2）。

（3）魏晋南北朝时期的园林是中国古典园林发展史的转折时期。皇家园林的主导地位逐渐降低，私家园林开始兴起，出现了早期的寺院园林。园林中已经出现了造型精致、结构复杂的假山。人们开始运用假山、水、石、植物与建筑的组合来创造特定的景观：建筑的布局疏朗有致，因山借水成景等形式逐渐丰富起来。园林在发挥其观景、造景的作用方面又进了一步。该时期园林已不单纯摹仿自然，还出现了再现自然的影子。此时代表性的园林如：华林苑、金谷园等（图2-3）。

（4）隋唐宋时期的园林达到了中国古典园林发展史的成熟阶段，是又一个造园活动的高潮，开启了文人参与造园活动模式。园林设计手法成熟，出现了园中园的设计形式；园艺技术十分发达，出现了"植物专类园"。不但有帝王修建的皇家苑囿，也有众多达官显贵的私家园林，其中文人雅士将诗情画意用于所建的园林之中，写意山水园林在体现自然美的技巧上取得了很大的成就。此时代表性的园林如西苑、艮岳、辋川别业等（图2-4）。

（5）明清时期的园林是中国古典园林发展的最后一个高峰，江南的私家园林与北方的帝王宫苑在园林艺术、造园技术等方面都达到了巅峰。出现了多部造园理论著作，其中明代计成的《园冶》是最有代表性的作品之一。现代保存下来的园林大多属于明清时期的作品，这一时期代表性的园林很多，如颐和园、承德避暑山庄、拙政园、留园等（图2-5）。

2. 日本古典园林

中国古典园林的漫长发展历程中不仅影响着亚洲汉文化圈内的日本、朝鲜等国，甚至远播欧洲。中国的造园技术经朝鲜传入日本，日本古典园林的产生、发展、成熟一直从中国汲取养分，并与本土园林进行融合，最终形成具有鲜明民族特色的园林体系，例如古典枯山水园林。

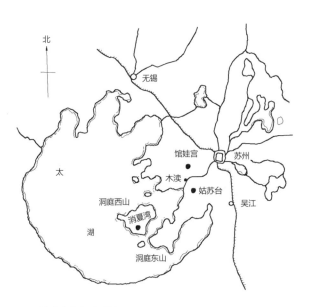

图2-1 姑苏台位置平面图

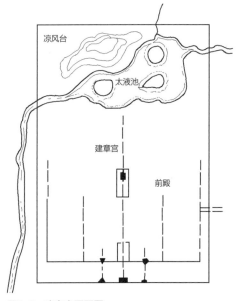

图2-2 建章宫平面图

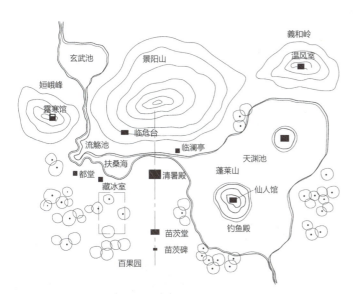

图2-3　北魏华林苑平面图

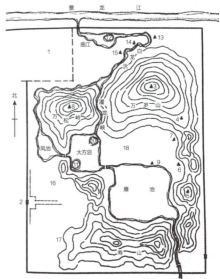

图2-4　北宋艮岳平面图

图2-5　颐和园的万寿山、十七拱桥、昆明湖与留园的冠云峰

二、西方园林

　　古埃及的园林是世界上最早的规则式园林。园林设计以几何形式为基础，建筑、树木按照对称形式安排在规则的水池或水渠两旁。在古希腊、古罗马的城市里，人们的户外活动常在集市、墓园等城市公共空间中进行（图2-6）。

　　中世纪欧洲园林采用庭院式设计形式，主要在修道院、住宅庭院和城堡庭院内进行建设。围墙作为园林与外部空间分隔的主要元素，庭院内部多采用栅栏、栏杆、树篱等形式进行分隔，凉亭和棚架是庭园的主要建筑小品。一般以实用性园林为主，种植的植物主要是蔬菜、水果、药材等，以自给自足为目的，园林庭园充满了田园情趣和生活气息（图2-7）。

　　文艺复兴时期是西方园林发展的极盛阶段。该时期的园林采用规则式园林布局手法，园林构图有明显的中轴线，轴线两侧通常种植高大树木，呈对称均衡式设计形式。理水手法丰富，有水池、水槽、叠瀑、喷泉等形式。园林点缀小品极其丰富：雕像、喷泉、花坛、回廊等。有些皇家园林会定期向公众开放。这一时期代表性园林如凡尔赛宫后花园、法尔奈斯、埃斯特和兰特等（图2-8）。

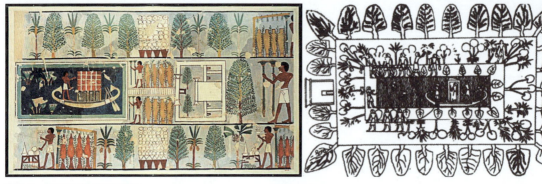

图2-6　古埃及园林壁画手描稿

图2-7　中世纪庭园

图2-8　凡尔赛宫后花园，中轴线对称均衡的规制式园林

第二节　近现代园林发展

1. 英国自然风景式园林

英国自然风景式园林在布局上采用弯曲的园路与河流，自然式的植物种植方式，形成了园内外相互融合的园林空间。在整体布局中，建筑不再起主导作用，而是与自然风景相融合，大片的缓坡草地成为园林的主体。这一时期代表性的园林，如丘园、查兹沃斯园、尼曼斯花园等。

2. 19世纪的城市公园

19世纪的城市公园是为改善城市环境、维持城市平衡发展的目标而兴建的，它使园林艺术摆脱了传统设计手法的局限，开始适应城市环境，并寻求与城市环境的密切结合。城市公园的主

图2-9 纽约中央公园

要推动者、贡献者如唐宁（AndrewJ ackson Downing）、沃克斯（Calvert Vaux）、奥姆斯特德（Frederick LawOlmstead）。这一时期代表性公园有纽约中央公园（图2-9）。

第三节 当代园林设计的发展趋势

1. 生态园林设计

随着城市化进程不断加快，人们的生活方式发生着改变，生活品质不断得到提升，市民对优质的居住环境有着越来越高的要求。同时，市民对城市的生态保护、生态发展、生态建设意识也在不断提升，这些都对城市园林建设提出了更高要求。

生态园林设计是以生态环境保护为基础，以城市可持续发展为原则，强调采用自然净化系统来处理城市废弃物。设计时优先使用本地植物，并以保护生物多样性作为城市园林建设的前提条件（图2-10）。人们在建设过程中采用环保材料、节能技术和水资源管理等手段，运用生态的、绿色环保的、低碳低能耗的园林设计方法，创造出生态友好、环境舒适、可持续的新型园林景观（图2-11）。

图2-10 远香湖景区。位于上海市嘉定新城紫气东来轴线上，具有良好的海绵效应。该水系对雨水的调节作用可使周边环境免受旱、涝灾害。景区内，植物生长茂密，水鸭、山鸡、白鹭、鱼类等小型野生动物种类繁多、出没活跃，形成了人与生物共生的城市生态园林环境

图2-11 生态友好型园林景观。人工湿地很好地接纳急降暴雨带来的洪涝灾害。该绿地建成近20年，周边道路未发生过因路面积水而无法行车的案例

2. 城市更新设计

随着城市化进程进入中后期，当今社会迎来了存量化时代，这使得城市改造、更新项目逐渐成为城市建设发展的主流。譬如，街区的口袋公园、街旁绿地、公园等项目改造、扩建，废弃工业区的改造，城市农场建设及更新等。城市更新设计致力于改善城市环境，提升城市居民的生活质量，为居民创造可持续、更宜居的城市空间环境（图2-12）。

图2-12　上海兰溪青年公园。此公园为改造过的口袋公园，具有时代感，更贴近周围居民的生活习惯，工作日时间依然有大量居民在公园内驻足、游憩

图2-13　数字儿童游乐园。为小朋友开启探索未知世界的好奇心，也增加了商业街的活动氛围。具有充电及动画影视的公共座椅，增强趣味性的同时也给人们带来了便利

3. 数字园林设计

随着科技发展，数字化技术给人们的生活带来诸多便利，数字时代提升了人们生产、生活精细化程度。人的认知也从定性向定量发生着转变。具有智能性、连续性、动态性的园林给当代游客带来新的功能体验。数字园林将人与自然通过智能化的方式连接起来，实现人与自然的互动、互感、互知的过程。

数字化技术可以不定时更新艺术装置及商业活动场景，能提升空间商业氛围，吸引客流量（图2-13）。数字化投影系统可投射到任何物体表面上，产生良好的声光效果，通过加装移动感应装置

增强人在数字空间中的互动性，提高人们的参与意愿（图2-14、图2-15）。

4. 社区参与设计

该类设计强调设计师与社区居民的共同参与。设计师在与居民合作时，了解居民的需求，听取居民的意见，以确保设计方案符合当地社区自身特点，满足居民的真正需求。通过社区参与式设计和公共空间的创造，促进社区的凝聚力和居民社交的互动性（图2-16）。

5. 艺术景观设计

通过艺术元素、雕塑造型、装饰设计等方式，艺术景观设计将艺术与园林设计融合在一起。这种设计风格强调创作的独特性，能给人们的视觉带来强力冲击，给感官带来新的体验，给人们带来艺术美的享受。

当代园林设计方向代表了不同的审美观点、功能需求和社会关注点。设计师们在实践中常常将不同的设计方向结合起来，以创造出富有创意的、独特性的现代园林环境。

图2-14　远香湖景区夜景。以黑色的天空为背景，灯光伴随着音乐的节奏，在树林中投射出四种颜色的光，形成植物的季相变化。将广场地面当作画布，园灯在地面上挥洒着作画，不断地变换着、涂抹着，散步的人们成了图画的风景

图2-15　北京奥体中心广场及音乐喷泉。喷泉水柱随着优美的音乐，伴着梦幻的灯光翩翩起舞。喷口处的灯光不断变化着颜色，使喷出的水体也不断变换着颜色，吸引来大量的游客

图2-16 街旁绿地。由
社区居民共同参与、共
同营造的空间，更贴近
居民自身诉求

本章总结

　　本章学习的重点是了解东西方园林发展历程，掌握东西方古典园林造园特点，理解东西方古典园林设计手法的差异，及近代园林的演变背景；熟悉当代园林发展的主要方向，提升对学生设计审美、艺术感知能力。

课后作业

　　（1）东西方园林发展都各经历了哪些阶段，每个阶段的特点是什么？
　　（2）东西方古典园林在设计手法上存在哪些差异？
　　（3）近代园林演变主要受到哪些方面的影响？
　　（4）当代园林主要有哪些发展方向及其特点？

思考拓展

　　通过查找资料，熟悉东西方各个时期代表性园林，了解不同时期不同地域的园林特点及发展演化历程，培养艺术审美能力。

课程资源链接

课件

第三章　园林设计的认知理论

园林设计就是园林空间营造的过程。人作为城市环境的主体，是园林空间的主要使用者。因此，在设计过程中要做到以人为本，满足人的生理、心理需求，营造符合人们使用功能的园林空间环境。同时，也要考虑其他生物的正常生存空间，在园林建设时模仿自然生态环境，以期实现园林的可持续发展。因此，在园林设计过程中，园林生态学也是我们必须考虑的因素之一（图3-1）。

图3-1　紫藤廊架。具有生态功能的园林构筑物为炎热的夏天带来清新空气、阴凉环境，成为附近居民喜欢的社交、娱乐场所

第一节　园林空间认知理论

园林设计是用植物、建筑、水体、地形等造园要素进行组合、布置，营造出具有一定艺术、功能和意义的园林空间的过程。园林空间是由形态、结构、界面、肌理等要素构建的，诸要素能反映环境的变迁过程，能体现空间环境的整体性特征，能表达园林的功能作用。在设计过程中，既要考虑园林空间自身的构成关系，又要注意整体环境中各空间之间的内在关联，使园林环境形成既有独特特色，又相互联系的优美景观环境（图3-2）。

图3-2　园林空间。由水体、植物、建筑物等多要素构成的园林空间

一、园林空间的功能

　　园林的功能需要空间环境具有更强的综合性、复合性。设计过程中，不仅要考虑人的感受、人的行为以及人的使用功能等诉求，还要注重人与城市其他生物之间的协调关系，更要考虑城市长期发展的生态效应。

　　（1）生态功能。园林能为城市环境提供生态服务，如净化空气、调节气温、减少雨水洪峰、保护土壤等。园林空间是城市绿化的主要载体，为野生动植物的栖息、繁衍和迁徙创造环境，为城市生物多样性提供场所（图3-3）。

　　（2）休闲和娱乐功能。园林空间为人们提供休闲和娱乐的场所。人们在园林环境中进行休息、散步、慢跑、嬉戏、骑行、野餐、垂钓等活动，在闲暇之余享受城市的自然风景和安宁环境，使身心得以放松、精神收获愉悦（图3-4）。

　　（3）社交和互动的功能。园林提供的场地，有利于居民之间进行交流互动。人们在公园中举办聚会、庆典、文艺表演等活动，可以使老朋友的友谊进一步加深，同时又能结识新朋友。园林为闲暇的人们提供精神寄托的场所（图3-5）。

　　（4）放松和冥想的功能。园林空间提供了一个远离城市喧嚣和释放压力的场所。人们在自然环境中追求内心的平静与安宁，使身心得到放松，兼具冥想（图3-6）。

图3-3　樱花林。起到园林生态的功能作用，形成空气清新的小气候

图3-4　奥体中心广场。成为人们休闲、散步、游玩的聚集地

图3-5　社交场所。公园或街旁绿地可为周围居民提供交流的平台。人们通过健身器材、娱乐设施构建交流机会，是结识新朋友的桥梁，也是老朋友聚会的场所

图3-6 山间溪流。潺潺溪流，清新自然的环境，洗涤着人们的内心，使人们抛弃一切世间烦恼，只想安静地坐下来，静静地欣赏着、凝思着。此刻，环境怎能不治愈人的疲惫感呢

图3-7 大自然的力量。自然界中的水体、土壤、动植物群落之间的相互作用，都给人们带来心旷神怡的感受。听着大自然的旋律使人感到温暖、愉悦，有助于减轻压力、改善心理健康、提升免疫力等

（5）促进健康的功能。园林对人们身心健康起到积极的作用。人们接触自然环境有助于缓解压力，减少烦躁，提升积极心态，增强生活幸福感，有利于促进身体健康（图3-7）。

园林环境对疾病起到一定的辅助治疗作用。园林环境能最大程度地提高身体、精神和心理健康水平，可调节人体机能、减缓压力、降低血压、改善抑郁情绪以及促进睡眠等（图3-8）。

园林空间可以成为教育和文化活动的场所。例如，公园中的文化广场可以举办音乐会、表演和艺术展览；植物园可以进行植物科普教育和研究等。园林通过景观设计和植物配置，为城市增添活力。园林营造的美丽景观，提升了城市形象和居住品质，是城市生活中不可或缺的一部分。

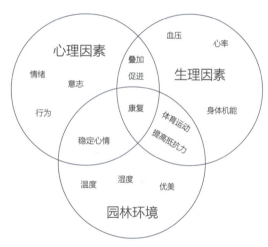

图3-8 园林环境康养概念图

二、园林空间的类型

与建筑空间相比，园林空间是"外部空间"。该空间类型没有完整且固定的"表皮"，空间的凝固性、限定性不强，是一种自然属性的空间。园林空间更多是用来欣赏的、体验的、感受的环境。

园林空间的类型很多，分类方式多样。因园林设计是为人服务的，人的活动、交际行为等因素决定着园林空间营造的类型。因此，根据人际需求可将园林空间设计为：开放性公共空间、半开放性公共空间、私密性空间。

1. 开放性公共空间

开放性公共空间往往尺度大、人流量大、开放性强、参与性强，但领域感不强。这样的园林空间往往有较完善的服务设施，人们在其中可以进行多种休闲和娱乐活动。如城市广场、公园入口、室外游乐场（图3-9）。

图3-9 奥体中心广场。这是一个开放性的公共空间，同时可容纳众多活动形式

2. 半开放性公共空间

半开放性公共空间的尺度相对较小、领域感较强、人流量适中、有一定的围合感。人对空间有一定的控制和支配能力，如城市公园绿地、街旁绿地、居住小区等园林空间（图3-10）。

3. 私密性空间

私密性空间是"外部空间"中开放性最小、尺度最小、人流量少、围合感强、领域感强的空间。私密空间是相对独立的环境，适合独处或少数人亲密交流，有时，还会成为特定人群专属的私人空间，如住宅庭院、私人花园等（图3-11）。

图3-10 方塔园的堑道。该堑道长80米、宽5～6米、高3米，与高大乔木一起围合成半开放空间

图3-11 方塔园中的四角亭。植物将局部空间进行围合，营造出私密空间可供人独处或交流，远离主路使小亭更多了一份安宁

三、动态空间

园林空间是动态变化的空间，主要由树木、水体、气象、阳光、雷雨等生态元素组成。自然界的风雨晴阴为园林空间营造了多变的时空环境。一日的早晚更迭以及植物一年四季的交替变化，形成了动态的景观。年复一年的生长使原有空间形态不断演变，为人们带来丰富的心理感受。

1. 植物季相变化

园林环境可形成四季更替的美丽景观。利用植物季相变化，在同一地段营造四季有花、四季有景、四季景不同的空间环境，给不同季节游览的人们带来惊奇和喜悦。桃、柳、李、迎春、牡丹、玉兰等植物形成桃红柳绿、姹紫嫣红，一片生机盎然的春季景观；浓荫蔽日、郁郁葱葱的大乔木能给游客带来阴凉，令人暑意消尽。池塘里的荷花碧叶连天、芦藻掩翠，令人感到幽静舒适；银杏、乌桕、槭树科等色叶植物在视觉上形成了层林尽染，气势恢宏的秋季景观。火棘、海棠、山楂、柿树、苹果等硕果累累挂满枝头，给人们带来丰收的喜悦；落叶树木形成的枯树老枝配上灰白的置石，营造出深邃幽静的冬季景象（图3-12）。

2. 自然气象变化

园林设计结合光影变化，可以创造出扑朔迷离、幽冥莫测的独特艺术效果。特别是植物与光阴的巧妙结合：在强光照射下，月季呈现更加鲜艳的色彩；而在夕阳的弥漫中，则显得朦胧而浪漫。此外，阳光透过稀疏的枝叶，形成光影斑驳的视觉效果。

园林常常利用自然光、雨、风等元素来营造景观空间，例如上海方塔园的"何陋轩"、苏州拙政园的"听雨轩"，以及承德避暑山庄的"万壑松风"等，都通过这些设计手法创造出令人印象深刻的感官效果。

图3-12 植物的四季景观。园林植物的季相变化让人感受到季节的更替，时间的流逝。每一季的园林景观都能给人们带来不同的美感

图3-13　方塔园的何陋轩。曲径通幽的竹林小径，伴着灵动的弧墙通往何陋轩

何陋轩以茅草覆顶、毛竹为柱、青砖铺地，是方塔园中的点睛之笔。通往何陋轩的入口处设计了数道弧墙，这些独立流动的弧墙形成自在的高低起伏。从早到晚，光影在东西弧墙上缓慢变动，弧墙投射在地上的影子呈现出丰富的光影动态景观。早晨，弧墙东边的阳光照射在地上，形成美丽的光斑，下午，地上的光斑逐渐消失。来此休闲的人们，在下完一盘棋后站起身来，会发现周围的景观与初来时有所不同，人们在光线的挪动中感受着时间的流逝。何陋轩的对面，即河南岸上的墙的设置，使得何陋轩仿佛跨越了河水，延伸到了对岸，为整个区域创造了完美的空间延展（图3-13）。

"春花秋草，只是催人老。"日光洒落在枝叶上形成迷离的光影，月亮投射到荷塘中营造出宁静的氛围。花开花落预示着岁月的流逝，而树木的生长从幼苗到参天大树给人以生命的力量。在园林中，繁花落叶、万千气象都是以时间为主导的表现。园林中有动、有静、有张、有弛，因此，园林成为一个具有时间变化、色彩丰富、动态韵律的美丽空间环境。

第二节　环境心理学理论

园林设计不仅需要关注功能、形式，还要考虑独特的个性和风格，以及技术和工程的实施。更为重要的是要关注使用者的需求、价值观和行为习惯。由于人是园林空间的主要活动者，设计师应该充分考虑人在户外环境中的需求，并将人的行为特征融入园林设计中。一个优美的园林环境可以吸引人的注意，激发人们游览的兴趣，使人们愿意积极参与、交往（图3-14）。

图3-14　安徽宏村。整座村庄山水风光和谐统一，每年吸引大量游客。村庄到处都是前来写生的师生，又形成了另一番风景

一、人的行为心理理论

人是园林中最重要的使用者，因此研究人的行为心理需求是进行优秀园林设计的前提。在心理学领域，心理学家罗伯特·斯腾伯格（Robert J. Sternberg）将人的行为归类为三个方面的心理需求：安全、刺激、认同。而亚伯拉罕·马斯洛（Abraham H. Maslow）则将人的心理需求分为五个方面：生理、安全、社交、尊重、自我实现。这些研究为理解人在园林环境中的需求提供了有益的指导。

图3-15　城市公共场所。上班、上学、买菜、就医等必要性活动，不会因为刮风下雨而改变出行计划，也不会因家门口的公交车站简陋而更换更远的车站去乘车

二、人在室外的基本活动

人在户外空间活动的基本需求可归纳为三种类型：必要性活动、选择性活动和社交性活动。

（1）必要性活动是人们为生存而必须做的活动，这种行为活动基本不受环境品质的影响。如等候公共汽车去上班、去就医等（图3-15）。

（2）选择性活动与环境质量密切相关。外部环境条件会直接影响人的情绪，因此人们更愿意选择符合自身需求的空间进行娱乐和休闲活动。例如，茶余饭后的散步、休闲式游览和户外休息等活动，会随着个人心情的变化而选择不同的活动场所（图3-16）。

图3-16　选择性活动。人们在户外游玩属于选择性活动。这时，人们更倾向于选择优美、舒适的环境进行徒步、游憩

（3）社交性活动，又称为参与性活动，是指在人参与社会交往时发生的活动。它不仅由个人意愿支配，也受到环境品质的影响。一些典型的社交性活动包括户外交谈、聚会、集会等，而这些活动的选择往往与环境的好坏有着较为密切的关系（图3-17）。

图3-17　社交性空间。风景优美、场地适宜的园林环境总能吸引更多的人前来驻足交流，约会谈心

三、园林设计与人的行为

园林与人的关系非常密切。园林空间主要是人造空间，是以人为服务对象。因此，在园林设计中，遵循"人的尺度"是基本原则。设计师致力于创造空间环境，来满足人的基本需求，使人在园林中获得自觉的归属感。

人的行为与环境之间的关系可理解为反应与刺激的关系。环境对人的行为有一定影响。在公共场所，人们有时希望在开阔、具有通透视线的空间中与他人进行交流；而有时则希望与人群保持一定距离，选择在僻静的小空间中独处。因此，通过研究人的行为特征，设计出符合人们行为习惯的园林环境，这样的环境易于管理，也能避免可能发生的破坏性行为（图3-18）。

设计时应对场地及周围环境进行分析，明确园林绿地的主要使用者，并对这一人群的年龄、受教育程度、主要工作背景等情况进行细致分析。根据不同人群对环境的需求和偏好，进行整体设计和场地布置。通过充分考虑使用者的需求，合理进行空间布局，在有限的园林绿地中尽可能满足多种功能需求，为人们提供相对丰富、具有一定自由选择范围的园林环境（图3-19）。

图3-18　上海嘉定新城紫气东来公园的疏林草地。人们想去河边码头需要绕路十多分钟，但从红色箭头处穿过去仅需一两分钟便可到达。这十多分钟的绕行里并没有任何景点，多数人不愿沿路绕行。因此，这里便被人为地走出了一条小径

图3-19　嘉定新城紫气东来活动场地。多元的园林设计形式，可为不同需求人群提供相应的活动场所，提升园林的使用功能

四、以人为本

　　园林的最终目的是满足人的需求，因此，在园林设计时，人性化设计应贯穿整个设计工作过程的始终。根据人的行为特征和心理活动规律来调整园林空间构成要素，满足人们对环境的真正需求。园林设计旨在创造满足不同人群行为需求的景观环境。一个良好的园林空间能够促使人们驻足、交流，丰富户外生活，提高生活品质。因此，园林设计师应全面考虑园林空间中人的行为和心理特征，根据不同人群进行相应的设计，创造出舒适的、能满足人们需求的园林环境（图3-20、图3-21）。

　　园林设计不仅要满足人的使用和审美需求，同时也应考虑并满足园林生态系统各要素之间的内在规律。

图3-20　满足使用功能的园林空间。公园的小广场聚集了大量的中老年人，大家在这里交流、休息、唱歌、跳舞。人性化的紫藤花架设计形式既可以满足电瓶车的停放需求，又能满足人们通行需要

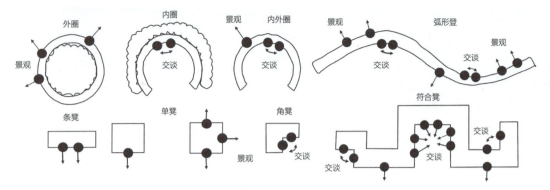

图3-21 人与座椅。人们在公共环境中希望存在的交谈状态

图3-22 室内空间尺度

五、尺度与心理感受

人们对空间的感受通常从室内空间开始，而室内空间的尺度主要反映在平面尺寸和垂直尺寸两个方面。相比之下，园林的空间尺度是指景观单元的体积大小，而时间尺度则指园林动态变化的时间间隔。

人们对空间的感受是一种综合性的心理活动，它不仅体现在尺度和形状上，还与空间的光线、色彩及装饰效果等因素有关（图3-22）。

1. 尺度与行为

符合心理需求的园林环境是基于人的尺度和人的行为来设计的外部空间，是将环境、心理、行为三者之间的关系作为基础。人性化的尺度是指园林空间尺度、环境设施尺寸能满足人的活动和使用，并达到适宜效果。这样的尺度不仅使人产生舒适、安全、亲切的心理感受，还能激发人们的归属感和自我认同感，拉近人们的心理距离，促进人们相互沟通与交流（图3-23）。

园林环境中的尺度虽然没有严格要求的固定值（因为不同的人群对空间的感受存在一定差异），但适中的尺度更容易使人感到亲切、安全，过大或过小的空间都可能导致人们亲切感和安全感的下降，从而引发紧张、恐惧和迷茫的心理感受。

图3-23 公园座椅。城市中心绿地往往人流量大，更需要提供可供休息的座椅。大尺度座椅很好地解决了小空间大需求的安排。休息区域用植物进行围合，使在此停留的人们获得闹中取静的安宁

一般情况下，园林空间横向宽度W（指两侧构筑物或树木的距离）与竖向高度H的比值关系如下：

（1）W/H的比值介于1~2，空间围合较好，人的感受相对舒适、宜人；

（2）W/H的比值小于1时，人会感到空间有压迫感，产生紧张感；

（3）W/H的比值大于2时，空间较为开阔，人可能会感到孤独、不安，甚至产生恐惧感。

2. 设施、小品的尺度

园林设计除了要注重空间尺度之外，还应考虑各种设施小品要符合人的尺度与使用行为，譬如园林座椅、垃圾桶、灯具等尺度如果设计不当将会影响到人们的正常使用。座椅的长度太短、高度太低都不符合人体尺度要求，垃圾桶过高、过矮都给使用者带来不便。园林中的健身器械更需要符合人的标准尺寸，确保人们能够舒适、有效地使用（图3-24）。

图3-24　园林空间的构筑物。园林建筑及小品设计应与整体空间相协调，满足人们的使用功能

第三节　园林生态学理论

生态学是研究生物及其环境之间相互关系的科学，其中生物包括人类、植物、动物和微生物，环境包括有机环境和无机环境。园林生态学则专注于研究城市居民、生物和环境之间的相互关系，以城市居民、植物、动物、微生物以及城市环境为研究对象，旨在建设健康的城市人居环境。利用生态学原理改善城市环境，合理利用自然资源，调控人、生物和环境之间的关系，推动城市可持续发展。

一、园林设计的生态功能

1. 从自然中获取灵感

通过在自然界中聆听、体会和感受，设计师可以从自然中获取丰富的设计灵感和创作源泉，将自然元素转化为园林设计语言（图3-25）。

图3-25　北京大学未名湖。清朝时，未名湖属于淑春园内的一部分。宽阔的湖面似大海般烟波浩渺。微风吹过波光粼粼，游鱼嬉戏，处处充满诗情画意

图3-26　山间小路。利用基地原有石材进行汀步、台阶铺设，展现原汁原味的地域风貌

图3-27　山间瀑布。尊重大自然带给我们生命的意义，合理运用自然因素、社会因素，创造优美的、生态平衡的生活景域

2．充分利用原有资源

园林设计并非要完全否定基地原有的部分，推倒一切重新开始。相反，应充分考虑原有景观的积极因素，尽可能利用基地的地形、植被和构筑物等条件。设计师应因地制宜，综合考虑设计构思和规划，避免进行大规模的土方改造工程，以最低程度地减少施工对原有环境造成的负面影响。

3．注重自然体验

园林是人们模拟自然、感受自然、与自然共呼吸的场所。在园林中，人们可以感知天空的阴晴明暗、云的聚散、风的来去、雨的润物无声以及植物的季相变化等，从而真切地体验园林的变化，享受"天人合一"的美好境界。园林扮演着人与自然情感沟通的桥梁角色，强调人与自然之间的生态联系（图3-26）。

4．尊重自然准则

园林生态学的目的在于协调人与自然的关系，涉及区域开发、城市规划、景观环境动态变化和演变趋势分析等方面。包括生态系统之间的相互作用、大区域生物种群的保护与管理、环境资源的经营管理，以及人类对园林场所造成的影响。

在园林设计时，必须尊重生态的价值观。它与人的社会需求、艺术魅力同等重要。设计师需要充分考虑生态环境设计的方法和技术，使人类对自然环境的破坏减少到最低程度。设计师还应考虑环境中的水、空气、土地、动植物等与人类密切关联的因素，注重设计的规模、过程和秩序等问题，充分考虑自然的变化规律及给人的影响（图3-27）。

二、园林生态设计的原则

1．协调共生原则

协调在园林生态系统中指的是各种因素之间的动态平衡。例如，豆科和禾本科植物、松树与蕨类植物在一起能相互协调、促进生长；而松树和云杉之间具有对抗性，相互之间产生干扰、互相排斥。

共生指不同种生物基于互惠互利关系而共同生活在一起。如豆科植物与根瘤菌的共生，赤杨属植物与放线菌的共生等。在这种关系中，各方相互获益，形成了一种和谐的共存状态。

2．生态适应原则

生态适应是指生物对园林环境的适应，以及园林环

图3-28 植物丰富的园林空间。植物在适宜的环境中生长茂盛，容易形成优美景观环境

图3-29 居住区的生态环境，是人与自然合作的过程，也是人与人合作的过程

境对生物的选择。在园林植物种植时，应遵守因地制宜、适地适树的原则（图3-28）。

3. 经济高效原则

园林不仅有助于提高人们的生活质量，促进身心健康，还对社区的凝聚力和社会互动产生积极作用。然而，园林建设涉及较大的投资，而其经济效益相对较小，导致经济快速发展与人们生活品质需求之间存在矛盾。因此，园林生态设计有助于合理利用土地资源，通过最少的投入（人力、物力、财力），构建适宜的园林生态环境。这能够在满足人们需求的同时，实现经济效益与社会效益的平衡（图3-29）。

三、海绵城市设计的功能与作用

1. 海绵城市

海绵城市是指城市具备良好的"弹性"，能够像海绵一样，在适应环境变化和应对自然灾害等方面发挥作用。其特点是在下雨时吸水、蓄水、渗水、净水，并在需要时将蓄存的水"释放"并加以利用。海绵城市建设应遵循生态优先的原则，通过将自然途径与人工措施相结合，在确保城市排水防涝安全的前提下，最大限度地实现雨水在城市区域的积存、渗透和净化，促进雨水资源的利用和生态环境保护（图3-30）。

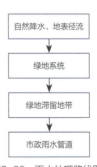

图3-30 雨水处理路线图

自然降水、地表径流

绿地系统

绿地滞留地带

市政雨水管道

2. 低影响开发

低影响开发是指在城市开发建设中采用多种手段，通过源头削减、中途转输、末端调蓄等方法，在城市建设过程中实现良性水文循环，提高对径流雨水的渗透、调蓄、净化、利用和排放能力，以维持或恢复城市的"海绵"功能。

在城市建设过程中，低影响开发应纳入城市规划、设计、实施等各环节，并协调各专业领域，统筹推动低影响开发控制目标。海绵城市建设需要整合低影响开发雨水系统、城市雨水管渠系统以及超标雨水径流排放系统。其中，低影响开发雨水系统通过渗透、储存、调节、转输和截污净化等功能，控制径流总量、径流峰值和径流污染；城市雨水管渠系统负责传统排水系统的功能，与低影响开发雨水系统合作进行雨水的收集、转输和排放；超标雨水径流排放系统用于处理超过雨水管渠系统设计标准的雨水径流，通过自然途径或人工设施进行排放。这三个系统相互补充、相互依存，构成海绵城市建设的重要基础元素。

生态设计的目标是实现与自然环境的和谐共生。通过模拟自然过程、恢复生态功能和保护物种多样性等方式来创造具有生态价值的、可持续的园林空间。

本章总结

本章学习的重点是了解人在园林空间中的行为需求，理解不同园林空间给人带来的心理感受差异，熟悉生态学在园林中的应用，以及起到的重要作用，提升园林设计认知、增强空间感知能力的培养。

课后作业

（1）简述园林空间类型及其特点。
（2）人们对空间的感受体现在哪些方面？
（3）简述园林设计的生态功能作用。

思考拓展

通过查找资料，谈谈对"从自然中获取灵感"的理解，思考哪些自然元素能运用到园林设计构图中。

课程资源链接

课件

第四章 园林美学与艺术

第一节　园林美学

一、东、西方园林美学的特点

　　园林美学是美学的一个分支。中国古典美学思想是中国园林艺术的重要源泉，古典园林深受绘画、诗词、文学等领域的影响，从一开始便展现了浓厚的诗情画意，并以再现自然山水景观为主要追求目标。具体特点如下。

　　（1）源于自然、高于自然。中国古典园林的美学思想来源于对自然的观察和理解。在创作上，不是简单的模仿，而是在大自然的基础上进行更高层次的创造，是追求超越自然的艺术表达。

　　（2）人工美与自然美的结合。园林艺术在创作中将人工美与自然美巧妙地结合，经过精心设计与布局，实现人造构筑物与自然环境的和谐共存，并呈现出独特的意境和美感。

　　（3）园林意境的创造与欣赏。中国古典园林追求具有内涵的艺术表达和意境感受。这种美学思想注重人与环境的情感共鸣。

　　相较之下，西方园林美学注重几何审美观，强调整齐、均衡对称以及明显的轴线，通过用数学公式、数量关系来寻找最美的线形和比例。这两种美学思想在园林设计中呈现出截然不同的风格和理念（图4-1）。

图4-1　一塔湖图。北京大学校园内的博雅塔和未名湖景观空间，充分体现出虽由人作，宛自天开的艺术效果

二、东、西方园林美学思想

（1）东方园林体现出生活美、自然美和艺术美的高度统一，巧妙地融合了绘画、文学、美术、书法等多种艺术形式，创造了独特的审美意境。园林以模拟自然山水为设计目标，把自然的或经人工改造的山水、植物、建筑按照一定审美要求组合成和谐统一的艺术空间（图4-2）。东方园林在模拟自然的同时，通过审美要求，将多种艺术形式融入园林环境中，呈现出一种既富有文化底蕴又贴近自然的审美意境。

（2）西方园林观认为自然美存在一定缺陷，因此通过应用形式美法则来提升自然美，从而达到更高层次的艺术美。西方园林的特征主要表现为几何图案美，凸显人工造型艺术，展示了人类对自然的征服和改造成就。具体表现为：园林布局呈对称、规则的形式，突出直白且显露的表现手法，强调对个性的发挥和自我理念的表达。设计中注重个性发挥，让设计师在规则框架内表达独特的理念。这种观念体现了西方文化中对自然的改造和对人工美的高度追求（图4-3）。

园林艺术通过巧妙组合山、石、水体、树木、花卉、建筑等物质要素，以及声、光、影、香、气象等环境要素，形成丰富的实景和模拟自然的虚景。运用点、线、面、色彩、体量、姿态、质感、肌理等艺术元素，综合作用于人的多种感官，创造出不同的艺术意境。园林在艺术创作中注重意境的塑造，使人在虚实相结合的情境中获得丰富的美感。

图4-2 苏州博物馆庭院。白墙灰瓦做背景，与墙外的高大树木合二为一，更加凸显山水景观空间

图4-3 凡尔赛宫后花园，严格的轴对称图案，恢宏大气

第二节 园林艺术

园林艺术融合了造景、建筑、雕刻、文学、书法、绘画等多种艺术门类。这些艺术形式以园林为中心，共同为表达统一的意境主题而发挥作用。园林的意境创造在艺术表达上更为独特，通过不同艺术门类的协同作用，呈现出综合的艺术效果（图4-4）。

园林是人类在社会发展中追求摆脱都市喧嚣、回归大自然，享受自然美的杰出创造。园林艺术作为一种空间的综合艺术，在造园活动中通过对山水、动植物、建筑等元素的有机组合，创造出无尽的意境，使园林环境具有高度的景观价值和综合艺术性。园林的使用功能主要体现在精神层面，其审美要求远超过实际使用功能（图4-5）。

第三节 园林艺术美

园林美源于自然，又高于自然，是形式美与意境美的完美结合。

1. 山、水、地形美

古典园林采用自然式布局，将自然起伏的地形稍加改造，并运用引水造景、叠山理石、改造地形等手法，构建园林"骨架"，为园林植物配置、建筑布局及景观视点的设计提供创意条件（图4-6、图4-7）。

图4-4　西湖雨景。坐在园林中感受树静风动、物静人动、石静影移、水静鱼游的动静之曼妙

图4-5　园林艺术美。通过自然景观、建筑、空间变化等手段来表达一定的审美情趣和人生理想

图4-6　自然山水景观。地形变化形成泉、溪、瀑、河、湖、渠等多种形态的山水景观。其或蜿蜒、或陡峭、或平坦、或幽深，使人能体验攀登之愉悦，踏水之乐趣

2. 自然元素创造美

在园林中，借助光影变化、时间变化、季节变化、气候变化等内容来丰富园林景观，是设计师常用的一种造景手法（图4-8）。

3. 再现自然美

模仿自然，再现自然，将人工景观与自然景观有机结合，营造出优美的生态环境，形成清爽宜人的小气候（图4-9）。

图4-7 人造地形景观。江南园林利用太湖石在有限的空间内进行巧妙设计，创造出山、丘、坡、谷、崖、涧、峰等内容，凸显独特的地形、地貌，形成了丰富的自然景观

图4-8 自然元素美。植物、水体是园林中有生命的主体，它们的变化给园林增添了风景，给生命带来了色彩，让人产生期待，激发人们不断追求美好的生活

图4-9 微缩景观。利用丰富的植物、石材、水体等自然要素，设计出美丽的小空间

4. 造型艺术美

园林中运用艺术造型来表达某种精神、礼仪、标志、象征和纪念意义（图4-10～图4-12）。

5. 园林建筑美

园林中的建筑主要是供人们游憩、活动的构筑物，一般以主景形式出现，是游客观赏的景点，也是观景的场所。它与地形、山水、植物相结合，形成一幅幅美丽的风景画面（图4-13）。

图4-10　千岛湖锁岛。锁与钥匙构成了锁岛主景。开心锁可以转动，游客们用力将锁拉起，当拉到一定程度时，开心锁便被打开，这寓意着你的快乐即将到来。将寓意与娱乐相结合，吸引了大量游客前来游玩

图4-11　诸葛亮雕像。雕像位于山东沂南县西山公园内，雕像后建有50米长的浮雕，分为14幅，展示诸葛亮的丰功伟绩

图4-12　米芾拜石雕塑

图4-13　园林建筑风景。建筑是园林构成要素之一，能体现中国园林的特点。设计时与自然环境相协调，凸显诗情画意

本章总结

　　本章学习的重点是了解园林美学在东西方文化上的差异及其各自特点，理解东西方各自园林美学思想，了解园林艺术与其他艺术之间的关系，熟悉掌握园林艺术美的运用手法，提升学生美学艺术的修养和构图能力。

课后作业

　　（1）简述东西方园林审美都存在哪些差异。
　　（2）简述园林艺术美主要表现在哪些方面。

思考拓展

　　通过查找资料，了解美学知识，思考中国古典园林美学与西方园林美学为什么会产生如此大的差异？

课程资源链接

课件

第五章 园林造景

第一节 任务引入

园林设计是一种环境空间设计，是指在基地范围内，将植物、地形、建筑、山石、水体、道路等要素进行合理搭配、有序布局，构成若干景观空间的过程。对这些空间及空间内的要素进行组织、布置和合理安排，就必须熟悉园林构图的基本原则，掌握构图的基础知识、技能和方法。

在园林造景过程中，需要综合考虑园林在功能和技术上的要求，确保设计实用且符合技术标准。同时，要注重思考形式和内容的完美统一，确保设计既富有艺术感又符合整体风格。与此同时，在方案设计过程中，必须充分考虑设计形式与周围环境的协调一致，即，确保新添景观与周围环境能统一风格。总体目标是制定全面、合理的设计方案。

知识目标
（1）了解园林空间的构成要素及最佳观赏视角。
（2）熟悉园林构图的基本原则。

能力目标
（1）具备园林空间的组织、布局能力，突出主体景观设计的能力。
（2）具有对园林要素进行空间艺术构图的能力。
（3）在园林设计过程中，运用构图原则实现艺术美的能力。

第二节 任务要素

一、园林构图

构图是一种组合、联系和布局。园林绿地构图是在工程、技术、经济可行的条件下，组织园林物质要素（包括材料、空间、时间），并联系周围环境，使其相协调，取得绿地内容美与形式美的高度统一的创作技法，也就是规划布局。

如何在三维的园林空间中展现美的形式，产生意境联想呢？园林设计与其他艺术门类一样，也需要遵循一定的法则和规律，以创造出美的园林作品。在园林设计中，通过变化与统一、对比与协调、均衡与稳定、比例与尺度、节奏与韵律这五组审美法则来实现。

1. 变化与统一

变化与统一的原则是构图艺术的最基本法则，也是造型艺术的普遍原则和规律。在园林设计中，采用的设计元素在一定程度上具有相似性或一致性，能给人以统一、和谐的感觉，产生整齐、庄严、秩序感，但统一过度，就会觉得乏味、呆板、单调；变化可以引起游客的注意、好奇心，激发出游客的兴趣，使人感到兴奋、愉悦。但变化使用得过多，会使人感到眼花缭乱、心情躁动不安，从而失去游览兴趣（图5-1）。

2. 对比与协调

在园林设计中，对比与协调是重要的构图手法。通过对比产生的差异来凸显各要素的独特特点，如色彩、形体、体量、方向等要素的差异都可实现对比的造景手法。当营造大尺度的、和谐的景观效果时，需在各要素之间差异较小的情况下进行布置，这种设计形式，可使园林要素之间彼此和谐，互相联系，容易产生完整的艺术效果。设计时应注重在对比中谋调和，在调和中求对比，以此实现多彩、活泼的园林景观，同时还能突出主题的表达。

图5-1　万绿丛中一点红。这一抹红很容易把人们的目光吸引过来

园林设计师常用对比手法突出主体景观，来增强视觉效果。同时还应保持各景点之间的协调关系，实现园林的完美、和谐、多样、统一的设计目标。

（1）对比。园林设计常用的对比手法，一般可分为：空间对比、体量对比、方向对比、开闭对比、明暗对比、虚实对比、色彩对比、质感对比。

1）空间对比。空间对比的构图方法是指运用先抑后扬的造景形式，使园林整体布局在空间上构成强烈的反差。例如：空间的大小、高低、宽窄等方面发生的对比关系都能让游人感受到空间变化的反差（图5-2）。

2）体量对比。同一物体，放在不同的空间环境中，在体量上给人的感受存在着很大差异。如，一块置石放在空旷的大环境中会显得小，放在拥挤的小环境中会显得大。在布局中，常常运

图5-2　空间对比。在中国古典园林中，常常采用大小空间变化形式来处理空间层次。当人们进入建筑围合的狭小空间时，会产生空间的紧迫感，当绕过一面墙后，空间尺度大增，给人以豁然开朗的体验

用若干个较小体量的物体来衬托一个较大体量的物体，来突出这个较大物体，以达到突出主体、强调重点的目的（图5-3）。

3）方向对比。在园林空间处理时，常利用水平方向与垂直方向的对比来丰富园景。如在空旷平坦的大空间里，高耸物体的垂直感与平坦空间的水平感形成强烈对比，更加凸显竖向物体的高大（图5-4）。

4）开闭对比。开敞空间的景物在视平线以下，可眺望；闭锁空间的景物高于视平线以上。两者相互对比，彼此烘托，可使视线忽远忽近、忽放忽收，增加了园林空间的对比感、层次感，从而达到引人入胜的目的（图5-5）。

5）明暗对比。光线起到引导人们感知环境的作用。明亮的光线给人开朗、活泼的感受，宽阔的空地适合布置聚集场所，可形成人们集会活动的区域；而柔和的光线和幽静的环境则适合用于疏林、密林等区域，为人们提供散步和休息的场所。因此，在园林绿地布置中，合理运用不同光线，可以创造出丰富多样的环境，满足人们不同的活动需求（图5-6）。

图5-3　体量对比。多数江南私家园林地势平坦，为体现山石之美，常用太湖石建造假山，为突出山体高度，常采用这种方法来实现小中见大的效果

图5-4　杭州集贤亭西湖景亭

图5-5　开敞空间与闭锁空间

图5-6　明暗对比

6）虚实对比。园林中的实墙和空地，树林与草地，山与水等都形成了虚实对比。虚给人以轻松，实给人以厚重（图5-7）。

7）色彩对比。利用色彩对比可以快速吸引人们的注意力，如"万绿丛中一点红"。较大的色彩对比可以使景物更为明显，视觉效果更加强烈，容易引起人们的注意；反之，较小的对比则呈现出柔和的效果，更适用于大面积的景观营造，或起背景作用借此衬托主景，较小的对比设计具有整体和谐感，不会使人感到过于刺眼（图5-8）。

图5-7　虚实对比。例如，水中之岛，水体为虚，岛为实

图5-8　上海的古城公园。适当的色彩对比容易吸引人们的注意力，过多的色彩易导致人们视觉疲劳，并引起不适感

8）质感对比。在园林设计中，通过质感对比，如凹凸的卵石与光滑的大理石、粗糙的树皮与嫩滑的草坪、褶皱的山石与光洁的石柱，以及细腻的阳光和斑驳的阴影，这些都巧妙地传达了自然材料和人工材料的不同质感，创造出自然与人工完美结合的园林艺术。这种质感对比为游客提供了丰富的感官体验（图5-9）。

园林设计重视材料的自然属性，如硬度、色泽、构造等。通过运用造园要素表现光影、色泽、肌理、质地等特点，设计师巧妙地构思与合理布置，创造出在空间、体量、方向、开闭、明暗、虚实、色彩、质感等方面形成对比的景观环境。这种对比能够为游客带来视觉冲击，吸引人们游憩和欣赏，从而提升园林的吸引力和观赏性。

（2）协调。在园林设计中，运用对比的设计手法可以突出主体景观，增强视觉效果，同时，也应注意园林景观的协调统一。造园要素之间如果配合得当、和谐一致，便易于实现多样统一的园林效果。

协调性的运用方式可体现在很多方面，如色彩、线条、比例、虚实、明暗等，都可以作为调和的对象（图5-10）。

图5-9　质感对比

图5-10　协调的园林空间。园林要素间相互协调、相互关联，形成统一整体，有效避免生硬、不和谐的尴尬空间

3. 均衡与稳定

均衡与稳定的原则旨在实现园林布局的完整性和安定性。稳定性体现在园林建筑、山石、植物等元素在上下、大小方面的平衡关系。均衡则表现为园林布局中各部分相对关系的平衡，如左右、前后的轻重关系。均衡与稳定共同为园林创造一个和谐、安定的，具有整体性的景观环境，使身在其中的人们感受到生态平衡之美（图5-11）。

在园林布局中，均衡是部分与部分或部分与整体之间所取得的视觉上的平衡，要求园林景物在体量关系上应符合人们在日常生活中形成的平衡安定的概念。所以，除少数动势造景外，一般艺术构图

图5-11　网师园北出口附近。此处面积虽小，但经几块不同体量、造型的太湖石前后、左右摆放，再配与小体量的植物进行结合，也能很好地起到烘托点景的作用

都力求均衡。园林设计中的均衡手法通常可分为对称均衡（图5-12）和不对称均衡（图5-13），前者给人以整齐、静态的感觉；后者则随着构成因素的增多而变得复杂、给人以动态感。

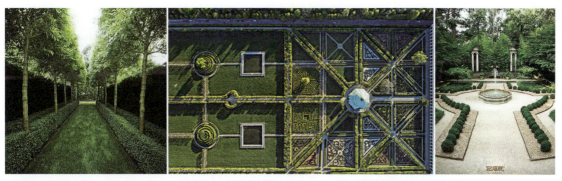

图5-12　对称均衡。对称均衡布局常给人以庄重、整齐的感受。有明确的轴线，造园要素呈左右对称式布局，通常在规则式园林中采用较多

图5-13　不对称均衡。由于受功能、地形、原基地条件等情况制约，设计时很难做到绝对对称形式，或者也没有必要做对称布局，常采用不对称均衡的设计手法，这样的设计可使构图更加灵活

4. 比例与尺度

（1）比例。比例是指物体之间的长、宽、高的对比关系，或局部与局部、局部与整体之间的关系，例如某山坡的坡长和坡高之比是2：1，陆地面积应占全园总面积的2/3～3/4。这种比例只涉及相对数的比或量的比，而不牵涉具体尺寸，是一种审美概念。

园林构图比例包括园林景物、建筑物整体或局部构件的长、宽、高之间的大小关系，以及园林整体与局部或局部与局部之间空间形体、体量大小的关系。园林的比例与尺度需符合人的行为习惯。

1）黄金分割比例。人们经过长期的实践和观察，发现了自然界中美的比例结构——黄金分割比例，即宽：长=长：（长+宽）（当宽为1时，则长≈1.618）。按照黄金分割比绘制的矩形被认为是从古至今最均衡优美的矩形（图5-14），黄金分割比例展现了设计构图的平衡美，在园林设计中被广泛应用，也是建筑学、艺术学等领域的重要设计原则。

2）勒·柯布西耶（Le Corbusier）模数体系。柯布西耶的模数体系是以人体的基本尺度为标准建立起来的。通过研究人体的比例和尺度关系，为建立有序的、功能实用的设计环境提供理论依据。该模数体系是指：如果一个人身高1.83m，手臂上举后指尖距地面约2.26m，肚脐距地面1.13m，观察这三个数字的间隔，如2.26-1.83=0.43和1.83-1.13=0.70，发现这两个数值之间的间隔比值近似于黄金比。这种模数系统有助于在园林构筑物设计中保持人体比例的和谐，设计出舒适的景观环境（图5-15）。

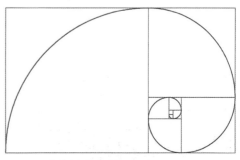

图5-14　黄金分割比构图

园林艺术设计与人的关系非常密切。根据成年人的身体特征，如身高、肩宽、手臂活动范围、步幅、视线高度等尺度，利用人体模数比进行设计是至关重要的。无论是从构筑物的整体设计，还是某些细部构件如门窗、道路、台阶、座椅、植物、灯具等，都需要根据人体特征进行合理的设计。同时，在整体平面布局和景观布置上也需要科学合理地考虑人的需求。只有满足人的使用功能要求，才能让人们感受到设计带来的园林高品质生活。

（2）尺度。对园林构筑物进行设计时，尺度应根据人的活动需求进行合理设计。例如，台阶的宽度最好不小于30cm，高度在12~19cm之间为宜；栏杆和窗台的高度宜保持在1m左右；一般园路应能容纳两个人并肩通过，宽度可设置在1.2~1.5m。

园林构筑物的尺度如果超出人们认知习

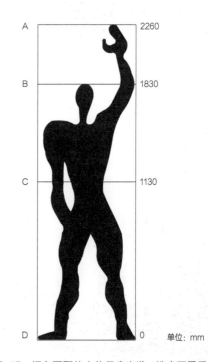

图5-15　柯布西耶从人体尺度出发，选定下垂手臂、脐、头顶、上伸手臂四个部位为控制点，这些数值之间存在着两种关系：一是黄金比率关系；二是上伸手臂高为脐高的2倍，即：AC=CD，BC/CD=CD/（CD+BC）

惯的范围，会显得雄伟壮观；反之，如果符合一般认知习惯或尺度较小时，会使人感到亲切和自然。

5. 节奏与韵律

韵律和节奏在艺术表现中体现为某些因素作有规律的重复，有组织的变化。在节奏中注入美的因素和情感，就有了韵律，就好比音乐中的旋律不仅有节奏更有情调。韵律能增强艺术构图的感染力，开阔艺术的表现力（图5-16）。

（1）节奏。从园林设计角度看，节奏是设计元素呈现的一种包括形式（点、线、面、体）、结构、质感、色彩等有规律的、连续进行的组织形式，是艺术美、园林美的灵魂（图5-17）。

（2）韵律。韵律在园林构图中体现为各种构成要素（如建筑、水体、植物、地形等）的重复形式，使得景观形象在比例均衡、错落有致、和谐统一之间展现出强烈的美的韵律魅力。这种韵律是构成形式美的重要因素，展示了人类特有的抽象思维和创造力的表达。尽管园林之初也是对自然景物的模仿，但这种模仿是高级的抽象和创造（图5-18）。

韵律可分为：简单韵律、交替韵律、渐变韵律、交错韵律（图5-19~图5-22）。

依据园林形式美的法则、规律，结合题材和主题思想的要求，通过合理组织山水地形、植物、建筑、道路以及小品等构成要素，塑造出协调、完整、优美的园林结构形式。

图5-16　大台阶。宽大规整的台阶不仅给游客提供休憩的场所，还增添了构图的韵律、愉快的节奏

图5-17　具有节奏感的设计。园林中，各构成元素可大可小、可长可短、可轻可重、可虚可实、可曲可直的变化，给人们带来有序的感受

图5-18 韵律构图。韵律原指诗歌中抑扬顿挫产生的感觉，这里指构图各元素之间风格、样式在统一的前提下存在一定的变化，在某种程度上存在一定的反复

图5-19 简单韵律。同种元素等距离、反复出现的连续运动是韵律最简单的构图形式。如等距的行道树、等高等距的长廊、等高等宽的登山道、爬山墙等

图5-20 交替韵律。由两种及以上元素交替等距反复出现的连续构图。如园路地面铺装中，两种花纹的交替设计形成了美丽路面；西湖边桃树、柳树反复交替种植，形成了桃红柳绿的场景

图5-21 渐变韵律。在园林布局中，连续重复的部分在某一方面作有规律的逐渐增加或减少，便产生了渐变的韵律感。如体积的大小、色彩的浓淡、质感的粗糙细腻等变化

图5-22 交错韵律。在园林构图中，通过各种造型因素，例如体型大小、空间虚实、细部疏密等手法，按照有规律的纵横穿插或交错方式进行变化。这种变化可以在多角度、多方向上展现，如空间的开合、明暗的变化，使景色呈现出时而鲜艳、时而素雅、时而热闹、时而幽静的多样情感

二、园林空间

1. 园林空间

园林设计是一种环境空间设计，是在基地范围内，将植物、地形、建筑、山石、水体、道路等构图元素进行合理搭配的过程。园林空间可以是山、水、地形围合组成的空间，也可以是植物围合组成的空间，还可以是园林建筑围合组成的空间，以及由山、水、植物、建筑共同构成的空间。

2. 空间构成及最佳观赏视角

（1）室外空间中的距离感受。在室外空间中，0～0.45m是一种比较亲昵的距离。这一距离也会因不同国、不同民族而存在差异，譬如，印度人与人之间的这种距离比中国近，而美国则比

中国远；0.45～1.3m为个人距离或私交距离，一般发生在思想比较一致，感情融洽的前提下。0.45～0.6m的距离交流往往发生在热情交谈的情况下，而0.6～1.3m的距离给人以渐远的感受，这是社交活动中一般性交谈的适当距离；3～3.75m为社会距离，如与邻居、朋友、同事之间的一般性谈话的距离；3.75～8m为公共距离，在公共场合中，没有交流情况下人与人之间的距离；110m被认为是广场尺度，当人的视线距离一旦超出110m，便会产生广阔的感觉；超过390m的距离可营造深远宏伟的感觉（图5-23）。

（2）视觉范围及特征。在一般情况下，人眼的视域为垂直方向130°，水平方向160°，最佳垂直视角为25°～30°，最佳水平视角为45°～50°。在这个范围内，人们静观景物的最佳视距为景物高度的2倍，宽度的1.2倍。以此距离来设定最佳观赏点。但在园林空间中，人们不可能静止不动，因此，设计时要允许游客在一定范围内的不同位置观赏景物。当以平角至仰角欣赏景物时，往往看到的是主景或主要景物的立面。

在垂直视角上，有三个最佳视点位置，分别是：垂直视角为18°时是全景最佳视距；垂直视角为27°时是景物主体最佳视距；垂直视角为45°时是景物细部最佳视距（图5-24）。

图5-23　足球场。在标准足球场观看比赛时，对场地的尺度会有更深刻的感受

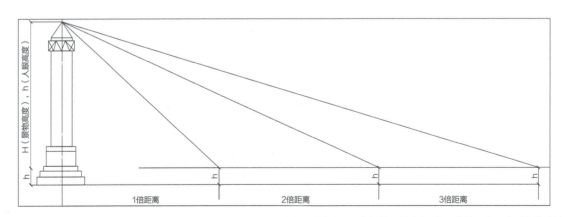

图5-24　观景视距。以纪念碑为主景，可以有3个视点距离为游客设计休息、观赏场地。游客在1倍距离处可以观察到纪念碑的细部，平视时只能看到景物局部；游客在2倍距离处可以观察到纪念碑的整体；游客在3倍距离处，不仅可以观察到纪念碑的整体，还可以看到周围的配景

3. 园林空间的组织

园林绿地的组织目的主要有两方面：一方面，在满足使用功能的基础上，运用各种艺术构图规律，创造既突出主题又富于变化的园林景观；另一方面，根据人们的视觉特性创造良好的景物观察条件，通过适当处理观赏点与景物的关系，使景物在一定的空间里获得良好的观赏效果（图5-25、图5-26）。

园林空间组织是景观设计的关键。在定义园林空间时，重要的是确保有适当的视线范围，因为没有合适的空间，就难以形成风景通视线。通视空间可分为静态空间和动态空间，以及开敞空间和闭合空间。在园林规划中，可以把全园划分为既有联系，又彼此独立自成体系的局部空间（图5-27）。

在对空间划分与组合时，宜将其中最主要的空间作为布局的中心，周围再辅以若干中小空间，达到主次分明和相互对比的效果。在组织动态观赏空间时，要考虑构图边界的景色更替，做到有起点、高潮、结束的有规律的节奏变化。

在中式园林空间的组合中，有三个规律：首先是曲折变化，避免使用生硬的直线来控制整个园林，使构图更为灵活。其次，空间组合需要有连续性的节奏感，通过不同类型的主体、从属和过渡空间，形成抑扬顿挫的空间，使整体构图富有节奏感。最后，要注意形成空间感的强弱、空间意境、气氛和情调。

扬州瘦西湖在空间构图上处理得非常成功。瘦西湖上所有空间沿着带状水系进行有序布局。在线形游览过程中，所有的园林景致都在水的两岸展开，景点在统一的风格中千变万化：同样是小桥流水，但每座小桥流水情景却不一样；同样是楼，而楼阁的形状各不相同；同样是曲折，但曲径通幽的感受不同，因而，景致也不会重复。用堤、岛、岸线、桥梁等将狭长的瘦西湖水面进行区域划分，形成有宽、有狭、有圆、有方的众多空间，使狭长湖面形成层次分明、曲折多变的山水园林景观。在空间的收放、层次变幻、视线远近上，进行不同手法的处理，形成差异化的景观效果。瘦西湖的美，在于它的蜿蜒曲折，古朴多姿。水面时展时收，形态自然动人，犹如嫦娥起舞时抛向人间的一条玉色彩带（图5-28、图5-29）。

图5-25　具有功能及艺术美的亭廊。观赏西湖竹制亭廊的正面是体现亭廊的整体美。亭廊以高大树木为背景，宁静的水面做画布，水面产生的倒影延展了亭廊竖向景深，色叶花灌木为亭廊内部空间增添了色彩和变化，这些都是为亭廊做衬托，突出建筑之美

图5-26　竹制亭廊侧景。从侧面观赏亭廊，展现的是亭廊与周围环境的和谐之美。亭廊在树木的掩映中，与远处多彩的驳岸、远山浑然天成，融为一体，再与近处的驳岸拉开距离，在平面上共同形成了多层次的景深。宽敞的湖面起着镜面效果，增添了竖向景观，共同构成了一幅精彩的画面

图5-27　开合空间。开敞空间和闭合空间的衔接设计，不仅起到分隔空间的作用，还可以起到增加景深的效果

图5-28 扬州瘦西湖。以瘦为特征，湖面时宽时窄，两岸垂柳轻盈飘动，园林古朴多姿

图5-29 瘦西湖一角。湖面迂回曲折，岸边桃柳依水，三步一桃，五步一柳

三、造景

（一）景

"景"，即风景、景致，由构成要素中物质的形象、体量、姿态、声音、色彩等组成。在园林绿地中，景是经人为创造加工的或自然形成的，以自然美为特征，供人们游憩、欣赏的空间环境。这些环境不论是天然存在或人工创造的，大多都是按照此景的特征来命名、传播的，从而使景色本身具有更深刻的表现力和强烈的感染力。

园林是由多个景组成的，景是园林的主体和欣赏对象，景是园林生命的灵魂。人们通过欣赏一个个巧妙的、具有艺术化特征的美景，来感受园林的超凡魅力，如西湖十景，圆明园四十景、避暑山庄七十二景等。

（二）造景

造景是通过人工手段，利用环境条件和构成园林的各种要素创作出所需要的景观。

1. 主景与配景

在园林设计中，景可分为主景与配景。主景是全园的核心、重点，具有重要的功能或突出主题的作用，是全园视线控制的焦点。它可以是整个园林的中心，也可以是局部空间的主景。例如，颐和园中的佛香阁是整个园林的主景，而涵远堂则是谐趣园局部空间的主景。配景是为了衬托或突出主景而设置的，通过与主景的协调，使主景更为突出。良好的主景与配景关系可以相得益彰，营造出更加丰富的、和谐的景观效果。突出主景的方法如下。

（1）抬高主景或将主景放置在轴线端点、交叉点，或风景透视线的焦点上（图5-30）。

（2）将主景设置在视线的焦点处，利用动势向心的设计手法，使主景更加引人注目（图5-31）。

（3）将主景朝向坐北朝南的方向，以利用光照效果，使主景更具吸引力。

（4）用以大衬小的办法突出主景。通过将主景放置在较小元素的背景中，使其更为突出。

（5）将主景放在空间构图的重心上，使其在整体布局中占据重要位置，吸引视线。

图5-30 突出主景。高大的景物容易引起游客的注意，人们出于好奇心理都希望近距离观赏，因此，易于形成人流的聚集处

图5-31 突出主景公园大门是人流量聚集的场所，入口广场内的高塔很容易引起人们的注意，作为主景的塔起到聚焦游客视线的作用

图5-32 拙政园借北寺塔之景。拙政园通过借景的手法，将园外的北寺塔引入园内，创造出一幅与园内景观相得益彰的画面。当游客穿过中园门洞，站在倚虹亭下仰望，可以看到北寺塔屹立在树林中，仿佛就在园内。这与园内的曲廊、亭榭、石桥、花木、池水形成了和谐统一的画面，呈现出一种自然而然的景致，使整体园林景观更加丰富和引人入胜

2. 借景

借景是中国古典园林的一种造景手法。根据造景的需要，将园内视线所及的园外景色组织到园内来，成为园景的一部分。《园冶》中说，园林"巧于因借，精在体宜"，"借者，园虽别内外，得景则无拘远近，晴峦耸秀，绀宇凌空，极目所至，俗则屏之，嘉则收之"。借景要达到"精"和"巧"的要求，使借来的景色与本园的空间、氛围、环境巧妙地结合起来，让园内园外相互呼应，融为一体。借景又分为：远借、邻借、仰借、附借、应时而借（图5-32）。

3. 对景与分景

（1）对景，位于园林轴线或风景视线端点的景叫对景。通过合理设置观赏点，如亭、榭、草地等，使游客能够在这些地方休息逗留，从而欣赏到最精彩的景色。对景的设置可以呈现正对效果，达到雄伟、庄严、宏大的视觉效果；也可以形成互对效果，即在园林轴线或风景视线的两端布置景点，使它们相互呼应，共同构成一幅和谐的画面。这种布局方式能够丰富园林景观，使整体空间更加富有层次感（图5-33）。

（2）分景，是中国古典园林设计中的一种手法，旨在通过划分空间，使整个园林呈现出丰富多彩、变化多样的景观。分景常通过将园林划分为若干空间，使得"园中有园，景中有景，湖中有岛，岛中有湖"的设计理念得以体现。这样的布局使得园林空间更具层次感，凸显中国古典园林的含蓄与深意（图5-34）。

4. 框景与漏景

（1）框景，利用门框、窗框、山洞等，有选择地摄取园林中的优美景色，同时把不需要的元素进行遮挡，使主要景物更加集中，恰似一幅嵌于镜框中的三维美丽画面，这种利用框架摄取景物的手法叫框景（图5-35）。

图5-33 园林对景。往往观景处与被观赏处都是景点，两处可互为景点、互相观赏

图5-34 园林分景。利用地形及植物将前后空间分隔开来，形成不同园林景观空间，使园林更具层次感

图5-35 框景。框景不仅能聚焦景点、增强景深，还能起到引导游客的作用，给游览增添乐趣

（2）漏景是从框景发展而来的，框景景色全观，漏景若隐若现，含蓄雅致。漏景不局限于漏窗看景，还可通过漏花墙、漏屏风等来观景。除建筑装饰构件外，树林也可以形成迷人的漏景。特别是在高大的乔木林中，适度开敞的树叶构成的缝隙，可以形成独特的漏景效果，为园林创造出迷人的景观。这种设计手法以其含蓄而优雅的特质，为园林增加不少景色（图5-36）。

5. 夹景与添景

（1）夹景是一种带有控制性的构图方式，它不但能表现特定的情趣和感染力（如肃穆、深远、向前、探求等），而且通过巧妙的构思，来突出主景地位。夹景的设计有助于引导、组织和聚焦视线，使景观和空间在设计中有着有序的延伸，直至最终达到设计的高潮。这种手法通过精心安排，使景物之间的关系更为突出，为园林营造出独特而引人注目的氛围（图5-37）。

图5-36 景窗。在江南古典园林中，多采用漏窗的形式来营造若隐若现的景观效果

图5-37 曲阜三孔。主入口门前两排茂密、高大的树木起到屏障的作用，使人们的视线直接聚焦到远处的万仞宫墙城门。两排树木整齐、挺拔，更突出城楼的庄严气势

（2）添景是一种用于丰富园林景观层次的造景手法。在近景和远景之间缺乏中景或近景过渡时，为了赋予主景更丰富的层次感，增强远景的"景深"效果，通常在两个景点之间使用一些配景的处理方法。添景可以通过建筑的一角、建筑小品或花卉树木来实现。

第三节　任务实施

一、任务布置

园林造景训练。

二、任务组织

该训练内容分为课堂训练和课后作业两部分。

（1）课堂训练：临摹优秀景点及周围环境，同学应独立完成。可临摹教材中本章的图5-18、图5-26、图5-27、图5-32等内容，在二维图片中感受园林空间构图及造景手法。

（2）课后作业：在园林中寻找最美景点，同学可以组队完成。可两人合作，一人在景点处，另一人在观景处拍照，并观察镜头中人的位置变化给构图带来的影响，寻找出最佳拍摄距离，然后测量两人之间的距离。

三、任务分析

1. 课堂实训任务分析

临摹前应分析图片中运用了哪些造景手法，主景与周围配景的比例关系，及局部空间的协调关系等，并组织全班同学进行交流和讨论。

2. 课后作业任务分析

（1）了解园林在人们生活中的功能作用。

（2）同学利用周末时间寻找最美景点。在附近的居住区、公园等绿地找到你认为最美的一处景点，对景物高度、距离景物的尺寸，以及景物美在哪里等方面，在同学之间进行交流、讨论。

（3）训练具备基本的园林空间构图能力。

（4）训练园林要素空间构图的手绘表达。

四、任务准备

在对多种绿地进行调研后，应对园林空间划分，功能分区的主要作用以及空间构图的常用手法有一定的了解，为今后方案设计打下基础。

五、任务要求

（1）能理解园林空间划分，功能区分布及景点设计的一般原则。

（2）经过多次临摹训练，可尝试园林局部空间设计。

本章总结

本章学习的重点是了解园林设计的基本原理，掌握空间构图的基本原则，以及不同园林空间中的尺度关系，理解景和造景的概念，熟悉造景手法的运用，提升学生美学艺术的修养和构图能力。

课后作业

（1）在园林绿地调研过程中，寻找园林构图的五大原则在实际中的应用，对其进行拍照，并制作PPT在班级汇报。

（2）进入园林绿地空间中，感受景物的尺寸与观景空间的距离有哪些关系？

（3）简述园林造景手法。

思考拓展

通过资料查找美学知识，思考中国古典园林美学与西方园林美学为什么会产生如此大的差异？

课程资源链接

课件

第六章　园林设计程序

第一节　任务引入

工程项目一般都经历决策阶段、实施阶段、使用阶段这三个过程，工程项目的设计内容是在实施阶段完成的，是实施阶段的一部分。

每个项目的设计都经过从粗到细、不断优化和完善的过程，园林设计也如此。设计师应先对基地进行调查（基地周围环境、社会文化等），了解甲方的定位和需求，然后对所有与设计相关的内容进行概括和分析，凝练出符合本项目的设计理念和设计目标，然后才能进行概念性设计，再经过多轮讨论和推敲，最后才能确定合理的方案，完成设计项目。

知识目标

（1）了解园林设计的基本设计程序和方法。

（2）了解各个设计阶段的衔接关系。

（3）了解设计不同阶段的工作内容与范围界限。

能力目标

（1）掌握各设计阶段的表达形式，具有解决具体问题的能力。

（2）掌握现场调查和分析问题的方法，能区分不同设计阶段的工作重点。

第二节　任务要素

一、工程项目管理任务

（一）工程项目全寿命周期

工程项目周期一般分为项目的决策阶段、实施阶段和使用阶段（也称为运营或运行阶段）（图6-1）。从建设意图酝酿开始，项目经历调查研究、编写和报批项目建议书，以及可行性研究等项目前期工作，这构成了决策阶段。随后是实施阶段，包括项目准备、设计和施工等工作。最后，项目交付后进入使用阶段，即实际应用和运营的阶段。

1. 项目决策阶段

在项目的决策阶段，项目立项是关键标志。决策阶段管理工作的主要任务是确定项目的定义，一般包括如下内容。

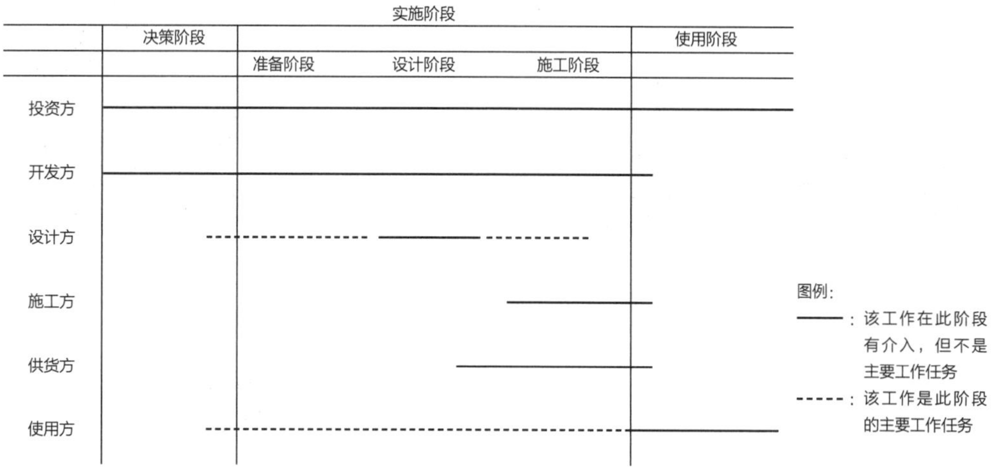

图6-1　建设工程管理全过程

（1）确定项目实施的组织。

（2）确定和落实建设地点。

（3）确定建设目的、任务，以及建设的指导思想和原则。

（4）完成并明确项目建设资金的确定和落实。

（5）确定建设项目的投资目标、进度目标和质量目标等。这些步骤是确保项目成功实施的基础，为后续的项目实施和使用阶段奠定了基础。

2. 项目实施阶段

项目的实施阶段通常包括设计前的准备阶段、设计阶段、施工阶段、动用前准备阶段，以及保修期这五个关键阶段。在这个过程中，对建设项目进行计划、组织、指挥、协调、控制等活动，通过实施阶段的有效管理，确保项目建设目标得以实现。这一阶段是将项目从计划阶段过渡到实际建设并完成的关键时期，要确保各个阶段的有序推进，以保障项目的成功实施（图6-2）。

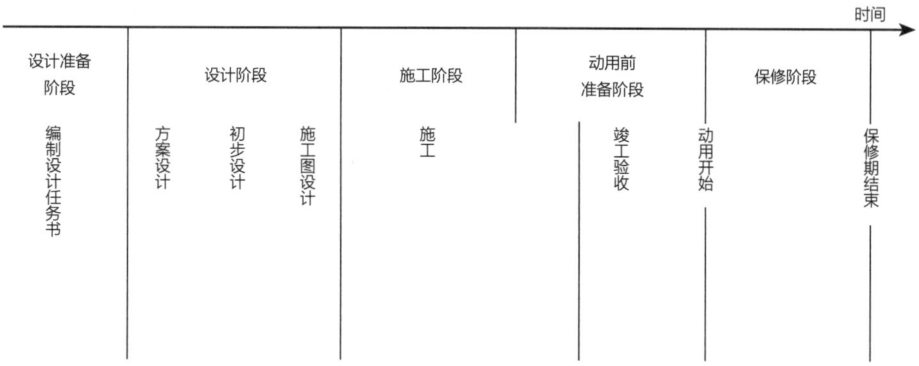

图6-2　工程项目的实施阶段

3. 项目使用阶段

项目使用阶段是指在项目交付后，进入实际应用和运营阶段。关键任务包括确保项目能够稳定、高效地在实际环境中运行，满足用户和使用者的需求。这一阶段通常包括设备、系统的维护和保养，确保设施和服务的可持续性。同时，监测项目的性能，进行必要的修复和改进，以适应可能发生的变化。项目使用阶段是整个项目生命周期的最终阶段（图6-3）。

图6-3 建成项目。在保修期内，因施工质量问题导致建设项目损坏，施工单位承担维修责任

完整的工程项目，首先要能成功实施，然后将项目成果真正投入到实际运营之中，最后，还需要能持续有效地运行。整个项目周期涵盖了组织、管理、经济和技术等多方面的论证工作。

（二）设计阶段的工作任务

园林设计工作主要包括设计前的准备阶段、园林图纸设计阶段、园林施工配合阶段。

（1）设计前的准备工作。这一阶段的主要任务包括编制设计任务书，收集与项目相关的资料，以及进行现场实地踏勘。这些活动为后续的设计工作提供必要的基础和信息。

（2）园林图纸设计阶段。这个阶段是设计的核心，包括概念设计、扩初设计以及施工图设计等多个环节。概念性设计是项目的整体构思阶段，扩初设计是在概念性设计基础上逐步细化并扩展设计方案的阶段，施工图设计是图纸设计的最后阶段，该阶段是对扩初设计进一步优化。施工图中的设计内容更具体，尺寸更精准，其目标是用于指导现场施工，实现项目最终落地。

（3）园林项目施工阶段。施工过程中，设计单位要积极配合施工单位完成工程项目的建设工作。派驻现场的设计师的主要工作是：施工质量监督、现场问题解决，有利设计变更、施工进度和预算控制、植物配置和布局的调整、现场沟通与协调等。设计师在现场通过与项目相关方的有效合作与沟通，为将来的项目合作建立良好的基础（图6-4）。

园林设计在每个阶段都扮演着重要的角色。从前期调研和设计概念的确定，到设计的细化和施工的实施，设计师需要通过不断迭代和完善来实现最终的园林效果。这涉及对场地的深入了解，设计方案的创意和可行性，以及在施工中的监督和协调等多个方面。通过有序而系统的设计流程，设计师能够确保项目的质量、进度和预算得到有效的控制，最终成功实现预期的园林工程建设（图6-5）。

二、园林设计工作流程

园林设计的基本流程可分为：任务书阶段，现场勘查、资料收集阶段，方案设计阶段，方案扩初阶段，施工图设计阶段、施工监督和管理阶段。

图6-4　现场监督。设计师在施工现场监督施工人员按图施工，确保施工质量达到设计要求

图6-5　施工现场。设计师在施工现场负责项目协调、监督等方面工作，为项目顺利完成起到积极作用

（一）任务书

在任务书阶段，设计人员应该充分了解设计委托方的具体要求，希望达成哪些具体目标，对设计要求的造价、设计效果和时间期限等，这些内容构成了整个设计的基本依据。设计师可以从中确定哪些值得深入细致地调查和分析，应投入更多的工作量，哪些只需做一般的了解，不必花费过多时间。在任务书阶段，主要使用文字说明性文件，图纸文件的使用相对较少。

（二）现场勘查、资料收集

设计师拿到任务书之后就应该着手进行基地调查，收集与基地有关的资料，充分了解基地的特点和获取所需的基础数据，为后续的设计工作做好准备。以下是对基地调查中的关键要点的详细说明。

1. 建设单位的调查

（1）了解建设单位的性质和历史情况。

（2）获取建设单位的具体要求、标准水平以及经济能力等信息。

（3）掌握建设单位的管理能力、技术人员、施工机械状况等方面的情况。

2. 社会环境的调查

（1）研究城市规划中的土地利用情况。

（2）调查社会规划、经济开发规划、社会开发规划、产业开发规划等。

（3）分析使用效率，包括人口、服务半径、其他娱乐设施、居民使用方式等。

（4）研究交通、电讯、周围环境关系以及环境质量等。

3. 历史人文资料调查

（1）确定地区性质，了解区域的人口、产业、经济特征。

（2）调查历史文物，包括文化古迹和历史文献遗迹。

（3）了解居民的传统纪念活动、民间特产、历史传统和生活习惯等。

4. 用地现状调查

（1）核对和补充所收集到的图纸资料。

（2）调查土地所有权、边界线、方位、地形坡度等基本信息。

（3）获取建筑物的位置、高度、式样、风格等详细数据。

（4）注意植物，特别是应保留的古树。

（5）调查土壤、地下水位、遮蔽物、恶臭、噪音、道路、煤气、电力、上水道、排水等情况。

（6）观察地下埋设物、交通量、景观特点、障碍物等因素。

5. 自然环境的调查

（1）气象：了解基地的气温、湿度、降雨量、风向、风力、结冰期、霜期、小气候等。

（2）地形地貌：地形、山脉倾斜方向及角度、沼泽地、低洼地、土壤冲刷地、安全评价等。

（3）地质：地质构造、表层地质等。

（4）土壤：种类、性质、侵蚀、排水、地下水位等。

（5）水系：河川，湖泊，水的流向，水质PH，水深，常水位，供水位，枯水位等。

（6）生物：植物数量、种类，古树生长情况，树龄、分布及健康状况。

6. 规划作业调查

（1）定性调查：收集与规划场地相关的统计材料，如公园能承载的游客数量。

（2）定量调查：调查与规划量有关的内容，如入口广场的最大、最适合、最小的使用面积。

7. 调查资料的分析与利用

（1）对调查的资料进行选择并制作图表，方便分析与判断。

（2）制定概括性的规划：如考虑地形、环境的变化等为规划设计做参考。

（3）将最有价值的资料整理出来，为规划设计提供有价值的参考。

8. 规划设计图纸的准备

（1）现状测量图：包括位置大小、比例尺、方位、红线、范围、地形、等高线、坡度路线、地上物等。

（2）周围环境情况：主要单位、居住区位置、主要道路走向、交通量、该区今后发展规划等。

（3）现在条件：水系利用，建筑物位置、大小，树木种类、高度等。

（三）方案设计阶段

在总体规划中，特别是处理规模较大、内容复杂的设计项目，首先应考虑整个园林的用地规划。确保功能合理的前提下，充分利用基地条件，使各项内容得以合理安排。然后，分区、分块进行各局部景区或景点的方案设计。对于规模较小、功能不复杂的项目，可直接展开概念性方案设计。

在充分分析调查资料的基础上对各功能区进行合理划分。从占地条件、占地特殊性和限制条件等方面，来确定该地区可能的用地面积。合理组织功能与功能的关系、人流与车流动线的关系，并在图纸上进行抽象的讨论。对于某些必要的功能，进行大略的配置，可以同时交由多人进行分析，通过讨论形成新的方案，也可运用统计学的方法来探讨最佳的功能组合方案，再进行图面设计。

采用的图纸一般包括功能关系图、功能分析图、方案构思图、各类规划及总平面图等，通过这些图纸来表达具体的设计内容。方案设计阶段一般需要做出如下图纸。

（1）区域位置及交通图。主要包括项目所在城市的区域位置、红线边界、交通，与周边环境的关系等（图6-6、图6-7）。

图6-6　上海市嘉定新城的紫气东来公园设计-区位交通图。嘉定区与外界的主要快速路，及基地周围的主要道路

图例：　→　街区道路
　　　　→　主要道路

图6-7　穿越公园的主要道路

（2）景观节点图。对现状资料进行分析、整理，形成多个景观设置点，可用点、圆圈或抽象图形将其概括性地表示出来（图6-8）。

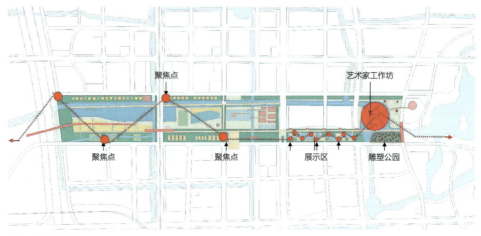

图6-8 景观节点

（3）功能分区图。根据规划原则、设计要求、现状分析等内容将基地划分为几个区域，使每个区域反映不同的功能，各功能区之间既有区别又有联系，实现功能与形式的统一（图6-9、图6-10）。

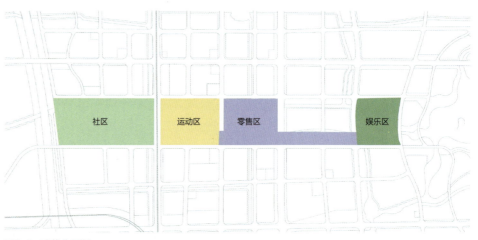

图6-9 功能分区图

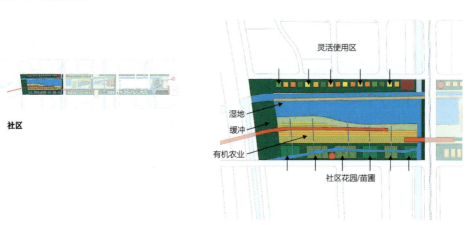

图6-10 各区深化内容（一）

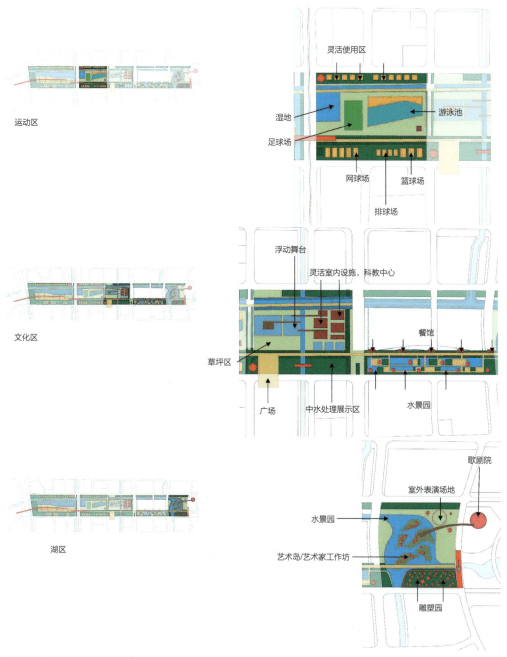

运动区

文化区

湖区

灵活使用区

湿地

足球场

游泳池

网球场 篮球场

排球场

浮动舞台

灵活室内设施，科教中心

餐馆

草坪区

广场 中水处理展示区 水景园

歌剧院

室外表演场地

水景园

艺术岛/艺术家工作坊

雕塑园

图6-10　各区深化内容（二）

（4）总平面图。根据总体设计原则、设计目标，完成总平面图设计（图6-11）。

图6-11　项目总平面图

（5）竖向设计图，立面图、剖面图（图6-12）。

（6）局部效果图。效果图有全园或局部中心主要地段的断面图或主要景点图，用来表现构图中心、景点、风景视线等内容（图6-13）。

（7）鸟瞰图。绘制鸟瞰图时，在尺度、比例上尽可能准确地反映景物的形象。鸟瞰图不仅要展现基地本身，还要包括周边环境，如周围的道路交通、建筑等。为达到鸟瞰图的空间感、层次感，绘制时应注意"近大远小、近清楚远模糊"的透视原则（图6-14）。

（8）设计说明书。主要是说明设计者的构思、设计要点等内容。通常包括。

1）位置、现状、范围、面积等。

2）工程性质、规划设计原则。

3）设计主要内容。地形地貌、空间结构、出入口、道路系统、竖向设计、建筑布局、种植规划、园林小品等。

4）功能分区及各区主要内容。

5）管线、电器说明等。

图6-12　道路剖面图

图6-13　局部效果图。公园将多样化、瞬息万变的空间体验与自然环境、历史文化相结合，创造出独特的景观轴线

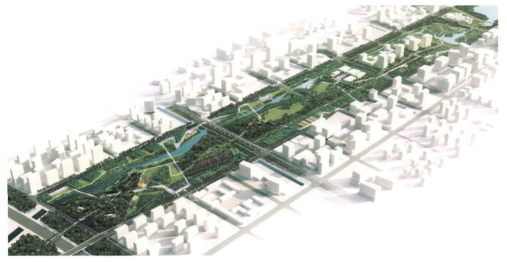

图6-14 鸟瞰图。景观轴线将商业、文化、休闲娱乐等功能进行整合,塑造了城市中心公园

（9）工程估算

1）按总面积、规划内容,凭经验粗略估算。

2）按工程项目、工程量,分项估算并汇总。

（四）方案扩初阶段

方案扩初设计也称为方案初步详细设计。这一阶段的设计内容是根据总体规划设计要求进行的局部详细技术设计,是介于总体规划设计与施工图设计之间的设计阶段。

（1）平面图设计。平面图通常采用1:100至1:500的比例,包括出入口设计、各分区设计、主要道路、建筑及小品、植物种植、水体范围等设计内容。

（2）各分区设计。主要道路的走向、宽度、标高、材料、曲线转弯半径、行道树、景线等要素。

（3）建筑及小品。包括平面大小、位置、标高、平立剖面、主要尺寸、坐标、结构、形式、主要设备材料等（图6-15～图6-17）。

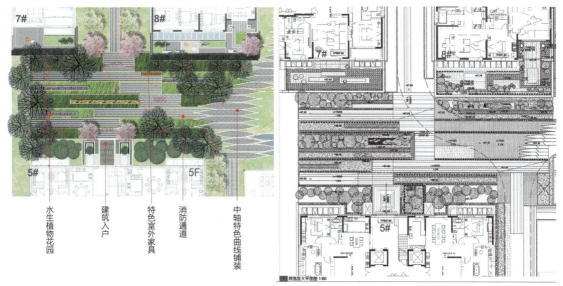

图6-15 层叠院落。层叠是融创中原壹号院中的一个院落（一）

（4）植物设计。种植、花坛、花台面积大小、种类、标高等。

（5）地面水设计。水池、分水线、明暗沟、进水口、出水口、窨井等。

（6）管线设计。给水、排水、电网尺寸，包括埋在地下的深度、标高、坐标长度、坡度、电杆或灯柱等。

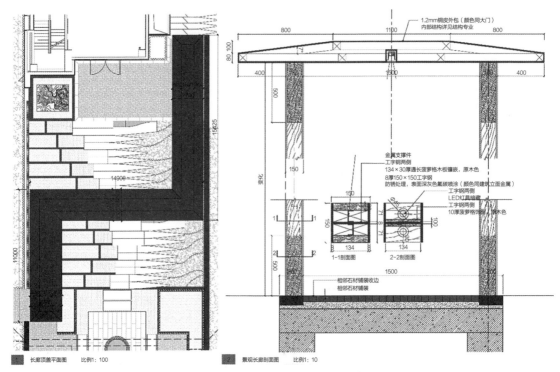

1 长廊顶盖平面图　比例1：100　　　　　　　　　　**2** 景观长廊剖面图　比例1：10

图6-16　建筑及小品的平面、剖面图。融创中原壹号院居住区的景廊、汀步台阶（二）

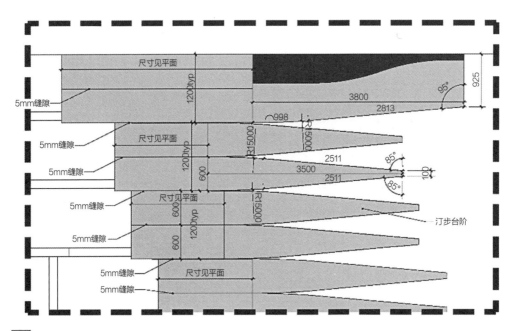

3 汀步台阶平面图　比例1：30

图6-17　建筑及小品的平面、剖面图。融创中原壹号院居住区的景廊、汀步台阶（三）

（7）剖面图。绘制剖面图时，应选择合适的位置做剖切面，该平面应与投影面平行。剖面图包括断面的投影和剩余部分的轮廓线投影，用以展示被切后的剩余部分（图6-18）。

方案扩初设计阶段完成后，为具体施工提供了准确的指导，确保设计的各项要素在建设中得到精准实现。

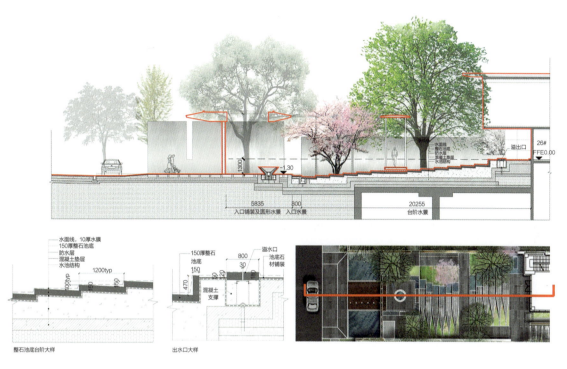

图6-18 剖面图

（五）施工图设计阶段

施工图阶段是将设计与施工联系起来的环节。在方案设计确定后，设计师根据所设计的方案，结合各工种的要求分别绘制出能具体、准确地指导施工的各种图纸，这些图纸应能清楚、准确地标注出各项设计内容的尺寸、位置、形状、材料、种类、数量、色彩以及构造和结构。典型的图纸包括地形设计图、种植平面图、园林建筑施工图、施工平面图等，为施工人员提供实施设计目标的具体指导。施工图设计一般包括详细的尺寸、材料规格、施工细节等，为施工提供准确的依据。

（六）施工监督和管理阶段

设计师负责与承包商和施工团队合作，确保设计方案按照预期实施，并解决施工过程中可能出现的与设计相关的问题。设计师在这个阶段扮演监督、调整和协调的角色，以确保设计方案的顺利实施，最终实现预期的园林效果。这是整个设计过程中关键的一步，确保设计的实际建设与初衷一致。

第三节 任务实施

一、任务布置

园林设计程序训练。

二、任务组织

"社区公园设计"项目程序演练。将同学分成五组，分别完成"任务书，现场勘查、资料收集，方案设计阶段，方案扩初阶段，施工图设计阶段"这五个阶段的工作内容统计及分析，由小组成员共同完成。

三、任务分析

"社区公园设计"项目程序训练。原始地形图如图6-19所示，该地块位于城市中心区，正北是复兴路，西临国庆路，周围交通繁忙，人流、车流较大。基地内有一个碉堡、废弃水塔、仓库地坪。碉堡建于抗战时期，位于3.5m高的小山上，山顶是混凝土平台。废弃水塔立面图位于右下角。仓库地坪高0.5m左右。

小组成员在拿到工作任务后，首先明确该设计阶段的主要工作内容；然后分析每项工作内容可采用的解决方法；最后确定最佳解决途径，并制定预计完成的时间。可将整理的资料按表6-1的形式列出。最好在老师的指导下查阅相关资料。

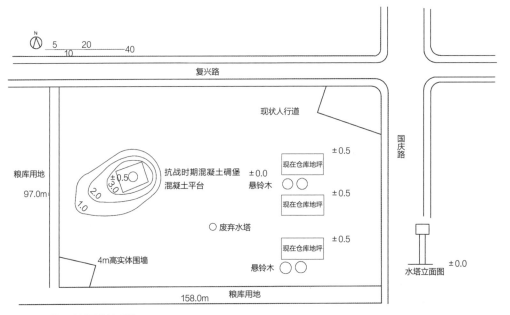

图6-19 社区公园原始地形图

表6-1 　　　　　　　　　　　　　　**园林设计程序实施计划表**

序号	设计阶段	实施内容	实施方法	计划完成时间	备注
1	任务书	项目目标和要求	查阅任务书	1天	查阅过程中做记录
2	现场勘查、资料收集	…	…	…	…
3	方案设计阶段	…	…	…	…
4	方案扩初阶段	…	…	…	…
5	施工图设计阶段	…	…	…	…

四、任务准备

结合课程大作业，根据项目所在地理位置、周围环境来明确设计风格。对基地原有构筑物的处理进行分析，合理利用，尽量节约成本。

五、任务要求

（1）完成课堂实训"社区公园设计"项目程序实施计划表的制定。

（2）结合上一章园林造景课程内容，尝试完成混凝土碉堡的概念设计。

本章总结

本章学习的重点是了解工程项目管理流程及实施要点，掌握园林设计工作流程，理解设计师在园林施工过程中起到的重要作用，熟悉设计师在园林设计流程各阶段的工作任务及应承担的内容。

课后作业

（1）将全班同学分成五组，分别完成"任务书，现场勘查、资料收集，方案设计阶段，方案扩初阶段，施工图设计阶段"这五个阶段的工作内容，并进行统计、分析，制作PPT进行汇报。

（2）结合前期课程学习，对原有构筑物的去留进行讨论，如果保留将怎样布局园林空间，如何营造景点？

（3）简述建设工程项目全生命周期一般包括哪些阶段。

思考拓展

通过资料查找及调研，思考施工阶段有哪些工作需要设计人员参与？

课程资源链接

课件

第七章　园林平面布局

第一节　任务引入

　　每个园林都有其特定的使用目的，不同的使用目的决定着园林的设计内容，根据这些内容的特点和要求，再结合基地条件，对整个基地进行合理安排和布置，就是功能区划分的过程。园林绿地功能分区设计的主要任务是：确定每个分区的主要功能，找出各个区之间理想的功能关系。例如，休闲娱乐、景观观赏、文化活动、运动健身等区域，根据它们的功能关系精心安排、优化空间序列，并完成相关的平面布置图。

知识目标
（1）了解园林功能区域的构成。
（2）熟悉园林各功能区的主要特点和设计要求。

能力目标
（1）具有划分符合设计定位的功能区的能力。
（2）具备找出各区之间理想的功能关系并合理组织空间序列的能力。

第二节　任务要素

一、功能概念图法

（一）功能概念
1. 功能性问题
　　每个园林实施项目都要解决功能性问题。设计前将它们当成概念性目标提出，这样做对设计师的工作有帮助。例如，设计师在对某项目进行现场踏勘后，进行场地分析时，会考虑场地内原有地形、构筑物、植物、水系等情况，同时也要考虑场地外的周边环境及所在城市的地理位置、历史文化等特点，这有助于后续的设计工作。设计师可能需要解决以下看似不重要的功能性问题。
　　（1）当场地紧邻市政河道时，在此建设的公园势必会增加人流量。因此，要考虑游客游玩形式，保证游赏的安全性。
　　（2）因受场地所在城市地理位置、经济条件、市政要求等因素的影响，为确保在预算内完成工程建设，设计师必须要考虑设计的内容、材料选取等方面。

（3）因场地所在的城市有着悠久的历史，园林建设内容应保持该地的历史特点。

（4）设计师要考虑如何保护现有水源，同时也要考虑减少土壤因不良排水的侵蚀。

（5）如何设计才能将场地外的优美景观引入公园内，怎样设计才能把场地外不必要的景观阻挡起来？

（6）园林能为游客提供信息或者直接的标志。

（7）新建园林需要节约能源。

（8）需要建立私密性或者亲密性空间。

（9）建立或保护生态系统。

……

2. 园林的功能性限制

通常与场地的空间使用相关联，它们应该是设计概要的一部，需要列出。

（1）对特定的活动区域——娱乐、休息、观景、遮蔽、野餐、商业、教育、表演等功能安排在室外空间时，能获得主要的使用功能或者多种使用方式。

（2）步行交通——入口、步道、台阶区域、桥梁等可作为室外空间的连接。

（3）车辆交通——车道、回车、停车场。

（4）存放空间——废物、个人物品、社区财产等。

（5）焦点元素——水体、雕塑、构筑物、标志、植物等。

（6）公厕。

（二）设计元素的表示

1. 功能区的表示

场地的使用面积、活动区域可用不规则的圆圈表示。在绘制之前，必须先估算出它们的尺寸大小，这一步很重要，因为在按一定比例绘制的方案图中，数量、形状需要通过相应的比例去体现（图7-1）。

2. 动态线路的表示

简单的箭头可表示走廊和其他运动轨迹（图7-2），不同形状和大小的箭头能清楚地区分出主要和次要走廊以及不同的道路模式，如人行道和机动车道。

3. 节点的表示

星形代表重要的活动节点、人流的集结点、潜在的冲突点以及其他具有较重要意义的景观节点等（图7-3）。

图7-1 园林空间表示形式。可用易识别的一个或两个圆圈来表示不同的空间，注意需求估算它们所占的大约面积

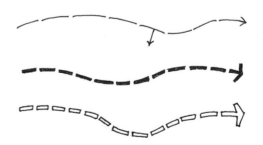

图7-2 动线的表示形式。最粗箭线可以表示一级园路或场地外的市政道路，最细的箭线可以表示狭窄的游步道，用箭线的粗细来表示不同等级的道路

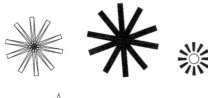

图7-3　节点的表示形式

图7-4　折线表示形式。折线可以表示园林中的墙、篱笆、栅栏等带状元素

4. 静态线形元素的表示

折线表示园林中的静态线形元素，如墙、屏障、栅栏、防堤等（图7-4）。

在概念设计阶段，使用抽象而又易于手画的符号是很重要的。它能很快地被重新配置和重新组织，这能帮助设计师优化不同使用面积之间的功能关系，解决选址定位问题，发展有效的环路系统，推敲一些设计元素为什么要放在那里，并且如何使它们之间更好地联系在一起。对于普遍性的空间：不管是下沉空间还是抬高空间，是墙还是顶棚，是斜坡还是崖壁，都能在这一功能性概念阶段得到进一步的深化设计。概念性符号能应用于任何比例尺度的图纸中。

（三）项目案例

此为社区中心的一个项目，用功能概念法来完成概念性方案设计。项目现状地形平坦，有一条小溪南北向穿过基地，现状植物长势良好，应予保留（图7-5）。甲方的具体要求如下。

（1）停车场：需要停放100辆小汽车。

（2）停车场的出、入口尽可能互不影响。

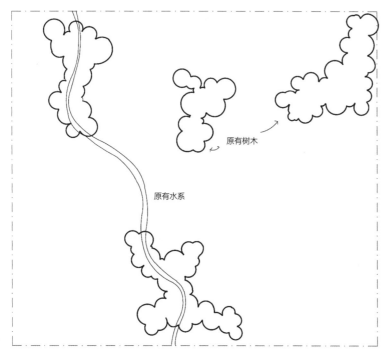

原有树木

原有水系

图7-5　基地现状图

（3）要有通向邻近街区的人行道。

（4）要设计小广场，用以容纳偶然性表演、户外课堂、娱乐、艺术展、雕塑展等活动。

（5）标出放置某些设施的位置。

（6）要设计一定的开敞式草坪空间以供休憩。

设计师在对现场进行踏勘时，首先要做一份场地清单，用以记录场地的现状内容。最好要再画一张现场草图，并配以文字说明，这样可以有效避免因时间过长而对现场情况产生记忆模糊。然后，要对场地进分析，并记录设计师的观点和对这些场地现状的评估结论。最后在绘制概念性方案时，应先完成一张按照比例进行绘制、记录的场地现状草图和场地分析计划，这一过程可以把场地的相关信息和设计者的思想融合在一起。设计师使用这种易于手画的简易符号，很快且很容易地将概念方案图按一定比例表现出来。

设计思路：对现有小溪和植被应予以保留，尽可能地减少对小溪和植被的干扰，并先把业主要求的三个主要建筑物进行定位。根据设计构思、业主要求和现状分析等内容，并结合各部分的功能关系，绘制概念性方案（图7-6、图7-7）。

这两个概念方案都对场地现存的条件进行了分析，它们都满足设计原则，但这两个方案却彼此不同。接下来要仔细地比较这两个方案，分析它们的利弊，理性地选出一个较好的概念性方案进行深化设计。需要注意的是，这些圆圈仅表示使用面积的大致界限，并不表示特定物质或物体的精确边界。定向的箭头仅代表走廊的走向，并不表示它们的边界。

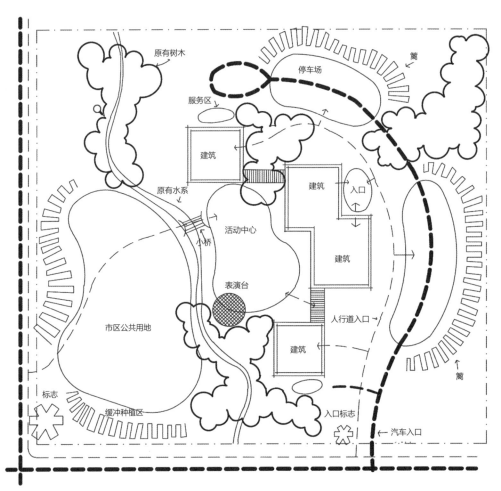

图7-6　概念性方案图1

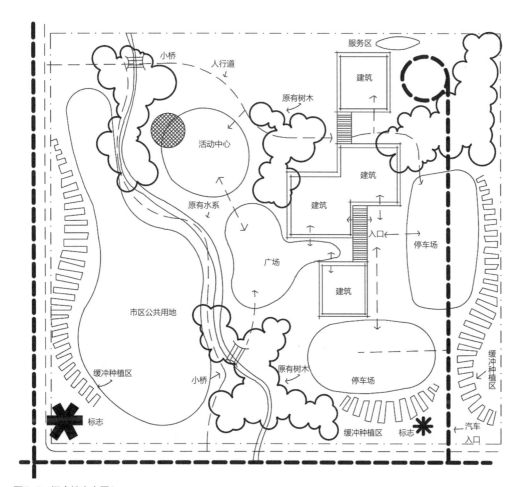

图7-7　概念性方案图2

二、功能图解法

（一）功能图解

功能图解是将需要解决的问题分解为各个功能模块的一种设计方法。一般包括以下几个步骤。

（1）问题分析。明确项目目标，分析可能产生的问题，并按照功能需求来解决这些问题。例如，要设计一个公园，设计师首先考虑它的功能需求可能包括绿地、道路、座椅、垃圾桶等。

（2）分解功能区。根据问题，将功能需求分解为不同的功能模块。每个功能模块代表着设计中的一个特定功能区或任务。以公园设计为例，功能模块可以包括绿地区、步行道区、座椅区、景观区等。

（3）确定功能关系。对于每个功能模块，确定与其他功能模块之间的关系。例如，座椅区可能与绿化区、步行道区相连，景观区可能与绿化区相连。

（4）功能区设计。对于每个功能区进行具体设计。考虑功能模块的大小、形状、布局、材料等，以满足相应的功能需求和美学要求。

（5）整合功能区。将设计好的功能模块整合到整体设计中，确保它们协调一致。考虑功能区之间的平衡和比例关系，以创建一个整体的、有机的设计方案。

（二）功能关系及图解方法

园林用地有其特定的使用目的和立地条件，不同的使用目的都有各自的特点和要求。有些基地内容简单、功能单一，有些内容多、功能关系复杂。因此，在设计过程中要结合立地条件，对各功能区进行合理的安排和布置，尽可能地减少矛盾、避免冲突。

1. 功能关系

园林用地规划的第一步工作是要理清各项功能区之间的关系。不同的园林用地性质，其组成内容不同，设计时，应充分考虑各功能区之间存在的差异，从而合理的安排功能关系，确保各区域不同活动内容的完整性、有序性。

整个园林的功能区之间常会有一些内在的逻辑关系，如动态区与静态区，核心区域与外部区域等。如果按照这种逻辑关系，安排不同性质的内容就能保证整体的秩序性，又不破坏其各自的完整性。常见的关系图如下所示（图7-8）。

2. 图解法

当设计内容多，功能关系复杂时应借助于图解法进行分析。用图解法作构思图时，一开始不用考虑各功能区的平面形状、性质、大小等，可以使用圆、矩形等随意框出的图形来表示各个功能区。功能图解法可采用以下的构思过程（图7-9）。

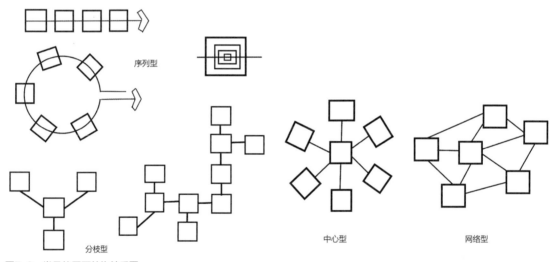

图7-8　常见的平面结构关系图

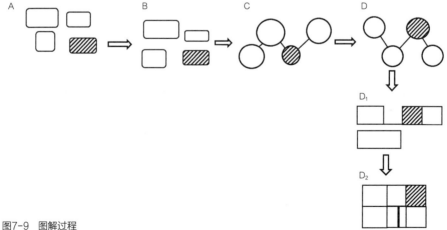

图7-9　图解过程

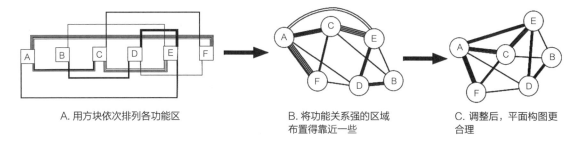

A. 用方块依次排列各功能区　　　B. 将功能关系强的区域布置得靠近一些　　　C. 调整后，平面构图更合理

图7-10　用线条数量多少来表示功能关系的强弱示意图

在图解法中，借助线条的数量来表示使用区之间的强弱关系（图7-10）。另外，当设计内容较多时，可先将各项内容排列在圆周上，然后用线的粗细表示其关系的强弱，从图中可以发现关系强的一些内容自然形成了相应的分组（图7-11）。

明确了各项内容之间的关系及其强弱程度后，可进行用地规划、平面布置。在布置平面时，可先从使用功能着手，找出其间的逻辑关系，综合考虑后确定分区（图7-12）。

功能图解的优势在于将复杂的设计问题分解为可管理的模块，使设计师可以更清楚地理解每个功能模块的需求和关系，并逐步进行设计和调整。它有助于确保设计的功能性和一致性，并促进不同功能模块之间的有效协调。

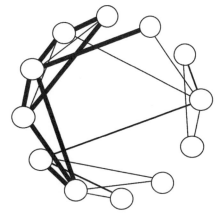

图7-11　设计内容较多时的处理方法

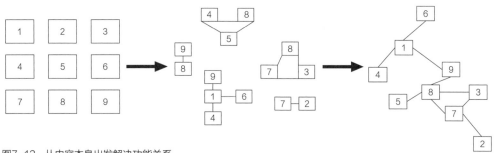

图7-12　从内容本身出发解决功能关系

（三）实例分析

通过项目案例的用地规划来说明功能关系图解、基地条件分析和方案构思的方法。

1. 基地现状

拟建项目是一个市政公园，该基地北侧是城市道路，东边连接自然保护区，南面临水面，西面为将来商业发展用地。整个基地南低北高，东北部为林地，西部为疏林草地，南面是草地，林木稀少，且临水处有一块沙地。

2. 任务书

现准备在该基地上建设一座公园，具体设计应包括以下内容。

A——设计一处自然中心区，包括游步道、停车场；

B——设计野餐活动区，包括室外活动区及其休息室、租赁场地、停车场；

C——在游泳区域，至少应包括冲洗室、租赁场地、停车场；

D——要有供水上活动的划船区，包括租赁场地、船只修理区、停车场；

E——公园应配套相应的服务区，以及入口区、出口区。

3. 功能关系图解

首先将需要设置的内容列成框图形式（图7-13）。这些内容之间有着一定的联系，这样会有很多种排列和组合的方式，在探寻各区之间理想的功能关系时，可先粗略地建立起一种关系，然后检查它们之间有无冲突和矛盾，并作出评价。评价可采用符号标记法。先将关系合理的记上"+"号，不合理的标以"-"号，然后再加以调整。每次调整之后，负的关系应该越来越少，总的关系应该逐渐趋于理想化（图7-14～图7-16）。

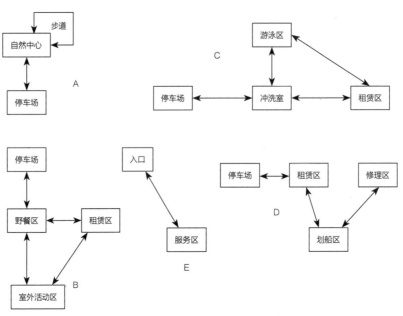

图7-13　任务书内容图解

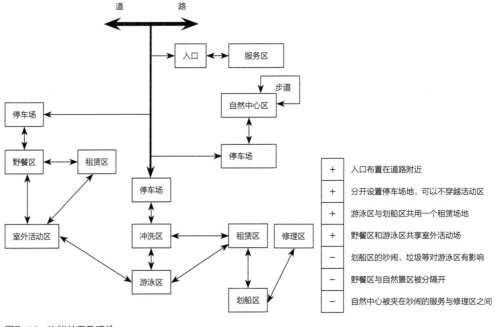

图7-14　功能关系及评价

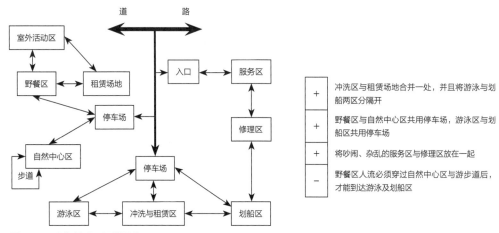

图7-15 功能关系及评价调整一

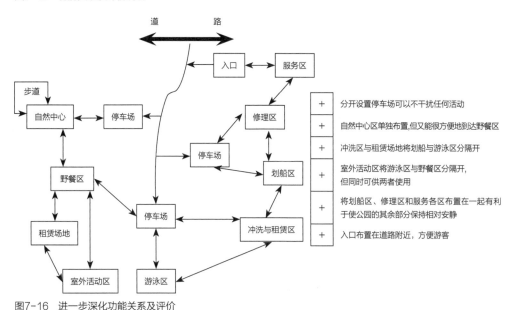

图7-16 进一步深化功能关系及评价

第三节 任务实施

1. 任务布置

园林功能分区设计训练。

2. 任务组织

"社区公园设计"之空间功能分区设计（第六章任务实施图6-18），需学生独立完成。

3. 任务分析

（1）结合课程大作业，理解并掌握园林空间功能分区设计的基础知识和技能。

（2）功能分区要结合市政需求、场地所在地理位置、主要受用人群等信息进行设计，并满足市政规划要求。

（3）在满足功能的前提下，优化和完善各功能区之间的内在联系及协调关系，实现全园风格统一、形式完整的景观效果。

任务准备

结合课程大作业，做出明确的设计定位：明确基地所处地理位置，准确定位主要服务人群类型。为项目思考一个统一主题，并考虑各功能区需要打造的各自主题内容。

任务要求

（1）限时（建议60分钟）完成功能分区设计的草图概念方案，要求至少有3个以上功能区，并明确各功能区的主要适用人群，组织学生进行交流讨论，选出最佳方案，以备后续课程使用[结合本章课后作业（1）来完成此次任务]。

（2）用CAD完成本章课后作业（2）的平面布置图。

本章总结

本章学习的重点是了解园林平面布局的两种基本方法，掌握园林的功能关系在平面布置中的应用，理解概念图法进行功能分区的思维方式，难点是在园林布局时，如何在各区之间及区域内设置合理的功能关系。

课后作业

（1）对第六章图6-19的图纸进行功能分区设计，用功能概念法完成"社区公园设计"项目的功能分区。

（2）假设保留图6-19中的混凝土碉堡平台，用功能图解法对该平台所在功能区进行平面布置，同时附上文字说明。

（3）运用功能图解法进行分区时，怎样表示功能关系的强弱？具体内容请在课后作业（2）中呈现。

思考拓展

查找平面构图资料，思考园林平面布局时还有哪些常见方法？

课程资源链接

课件

第八章　园林设计构成要素

第一节　任务引入

　　园林的主要构成要素为地形、水体、植物、建筑及构筑物等，借助这些要素来体现设计主题、创造环境意境、丰富空间层次、突出地域风情，是构建园林空间的核心。地形作为基底和依托，构成整个园林景观的骨架，其设计的恰当与否直接影响其他要素的设计。水体是园林中最活跃的要素，赋予园林以生机。植物的种类繁多、造型丰富，通过合理配置，可突出园林特征，并创造出独特的园林景观。园林建筑则具有使用功能和造景的双重作用，成为园林景观的焦点。

　　各构成要素之间相辅相成，共同打造出形式与艺术完美结合的，并富有文化内涵的园林景观，实现源于自然而高于自然的园林设计目标。这种协调的整体性设计使园林不仅是自然环境的延伸，也是当地文化、艺术和生活的集中体现。

知识目标

（1）了解园林构成要素的基础知识。
（2）了解园林地形、道路的设计原则和方法。
（3）熟悉园林建筑的功能作用。
（4）了解常见园林植物生态习性及设计原则。

能力目标

（1）具备园林植物配置，并能营造四季景观的能力。
（2）具备园林水景设计能力。
（3）具备园林要素之间合理搭配的能力。

第二节　任务要素

一、地形

　　地形在园林绿地中起着骨架作用，处于基底和配景的位置。地形设计涵盖了山水的布局和地形的塑造，包括峰峦、坡地、河流、湖泊、泉水、瀑布等局部地形的设置。设计师需要关注这些元素之间的相对位置、高低差、大小、比例、尺度以及外观形态，同时要控制坡度和高程关系等因素。通过精心的地形设计，园林空间可以形成多样化的景观，为整体布局提供坚实的基础。

（一）地形

1. 地形设计

地形设计是指对地表高低起伏的形态进行人工的重新布局。进行地形设计时，需全面考虑对原有地形的利用，通过对基地现状及周边环境的详细调查和分析，根据不同地形的变化需求对现状地形进行适度改造，以满足地形设计要求，然后才能进行下一步的造景活动。

地形设计应与园林总体布局同步进行，是园林竖向设计的主要组成部分。为确保设计的有效性，设计师在进行地形设计时需要有明确的目标，并清楚地形在整体环境中的作用以及最终要达到的效果，然后才能进行地形设计。

2. 坡度要求

地形设计时，坡度是一个重要的考虑因素。坡度不仅涉及地表排水和坡面稳定，还与人的活动、车辆行驶等密切相关。通常来说，坡度小于1%的地形容易积水，需要适度改造；坡度在1%~5%的地形排水效果良好，适合设计大面积的平坦用地，如停车场、运动场等，基本不需要改造；坡度在5%~10%的地形适合小范围利用，具有良好的排水条件和起伏感；而坡度大于10%的地形只能局部小范围地加以利用。在设计时，根据原有基地地形特点，合理布局能减少土方工程量，节约人力资源成本，避免浪费。

（二）地形设计的原则

不同的地形、地貌反映出不同的园林特征。良好的地形设计，才能营造出优美的景观环境。因此，地形设计也应遵循一定的原则，主要体现在以下两个方面。

1. 因地制宜的原则

地形设计中的因地制宜原则，是人与自然的和谐相处。相比之下，大规模的地形改造可能导致高昂的工程成本和资源浪费。因此，应避免过度的地形改造。即使进行适度的地形改造，也需要关注土方的平衡，确保开挖与回填的土方量基本持平，以避免大量采挖土方并减少废弃土石的产生。这样的做法有助于保持土壤的平衡，避免对自然环境造成过度干扰。

地形设计时，充分利用原有地形、地貌，并进行适当改造，遵循顺应自然的理念。在景观营造时，做到因地制宜、得景随形，以此为基础进行地表塑造，根据景观分区和功能特点来处理地形。例如，需要设计开阔视野的游客集中区域可以选择平坦的地形；划船、游泳的地方则需要有河流、湖泊，因此需地势低洼；登高眺望的地方则需借助现有高地山岗；对于安静休息区域，则可以考虑亭廊、曲径和疏梅竹影等园林设计元素。总体而言，地形设计应与景观的分区和功能需求相协调，实现与自然和谐相融的效果（图8-1）。

2. 与其他园林要素相结合的原则

地形不是孤立存在的，它总是与园林要素中的水体、建筑、道路、植物等相结合。地形与其他园林要素结合构成的园林空间，不仅

图8-1 古典园林地形。江南因地势普遍平坦，古人在园林设计时，多以本地太湖石来营造山体形态景观

是一个艺术空间，同时也是一个生活空间。因此，园林设计的实质就是将园林各要素在地形骨架上进行合理布局，并协调它们之间的比例关系。

采用不同的园林设计风格，可实现不同的功能要求。但不论哪种设计目的都是为改善现有条件、美化人居环境，使周围空间尽量趋于自然化。营造可行、可赏、可游、可居的环境是园林设计所追求的基本目标。

二、园路

中西方园林在布局上展现了不同的设计理念。西方园林通常采用规则式布局，强调几何形状、对称轴线，园路笔直而宽大。这种设计风格强调对称和秩序感。相比之下，中国园林偏向自然式布局，以山水为核心，注重表达意境。园路呈曲折状，强调曲径通幽，当借助地形地貌来打造独特景观时，强调的是自然的变化和意境的营造。这两种园路的设计风格反映了不同文化和审美观念对园林设计的影响。

（一）园路的功能作用

（1）组织交通。园路同其他道路一样，具有基本的交通功能，承担着游客的集散、疏导、组织交通等作用，使游园更加有序。

（2）划分空间。道路不仅可以将全园分隔成不同功能的景区，同时又把全园各景区、景点连接成一个有机整体。通过园路的设计，将园林布置成形状、大小不等的系列空间，极大地丰富了园林空间形象，提升了艺术表现力。

（3）引导视线。园路起到全园景观游览视线的作用，引导游客按照设计的路线有序游览。这使得园林景观形成一幅连续的画面呈现在游客面前。

（4）构成景观。园路也能创造意境。园路不仅是通行的路径，还能通过设计形式和铺装材料创造独特的景观氛围。通过利用园路，可以在特定环境中营造出特有的园林意境。例如，在私家园林或庭院中，采用中国风格的吉祥图案铺地，传递美好的祝愿，从而丰富了园林的整体氛围（图8-2）。

图8-2　具有美好寓意的地面铺装

（二）园路的设计原则

园路设计应主次分明，方向明确。设计时，应从园林绿地的使用功能出发，根据地形、地貌特点，结合景点分布和活动需要来综合考虑，统一规划。园路设计应遵循以下基本原则。

（1）闭环设计。尽可能将园林中的道路布置成"环网式"，组织不重复的游览路线和交通引导。切忌"走回头路"。

（2）疏密适度。园路的疏密度同园林的规模、性质有关，在公园内的道路大体占总面积的10%~12%，在动物园、植物园或小游园内，道路网的密度可以稍大，但不宜超过25%。

（3）游览性。园路随地形和景物而曲折、起伏，若隐若现，营造出"山重水复疑无路，柳暗花明又一村"的游览情趣，产生丰富景观，增加层次感，拉长景深，延长游览路线，活跃空间气氛的效果。

（4）多样性。园路设计具有多种形式，根据不同区域的功能和特点，采用灵活多变的形式。在人流集聚的地方或庭院内，园路可以转化为场地；在林间或草坪中，园路可变为步石或休息岛；当遇到建筑物时，园路可以成为"廊"；遇到山地，园路可以转化为盘山道、磴道、石阶、岩洞等；遇水，园路可以转化为桥、堤、汀步等。园路以丰富的形态和情趣装点着园林，园林又因园路而引人入胜。

（5）因景筑路。园路与景点相通，因景设路。好的园路设计：回环萦纤、收放开合、藏露交替，使人渐入佳境。园路应有明确的分级，不同等级的园路宽窄有别。园路的曲折迂回应有构思立意，做到在艺术上和功能上进行有机结合，给游客步移景异的美好体验。

（三）园路的铺装设计

园路的艺术设计一般包括纹样、图案、铺地空间、结构构造、铺地材料等设计形式。常用的铺地材料分为天然材料和人造材料，天然材料有青（红）岩、石板、卵石、碎石、条（块）石、碎大理石片等；人造材料有青砖、水磨石、本色混凝土、彩色混凝土、沥青混凝土等（图8-3、图8-4）。

图8-3　园路。材料的选择应与周围的构筑物相协调，才能使景观空间风格一致

图8-4　道路铺装。同一条道路不同的铺装形式所起到的作用也不同。道路的材料、色泽不仅直接影响着人们的使用功能，还能丰富空间构图效果

三、园林建筑及小品

（一）园林建筑及小品的功能与作用

1. 使用功能

园林建筑的功能多样，既可以为展览提供场馆，又能为游客提供舒适的休憩场所，如亭、廊、花架等。建筑的多功能性有助于满足人们在园林中的不同需求，这些功能既丰富了园林景观空间，又提升了游客的体验感。

2. 造景作用

（1）点景作用。园林建筑与山、水、植物等造园要素相结合，构成许多优美风景画面。建筑物往往是这些画面的重点或主题，常常作为园林的构景中心（图8-5）。

（2）观景作用。园林建筑可作为观赏景物的场所。小到门、窗、门洞等细部设计，大到建筑群的组合布局都能构成"景点"和"观景"场所，合理设计都能创作出优美的风景画面（图8-6）。

图8-5　主景。作为主体建筑在全园空间构图中既能突出园林特点，又能体现园林风格

图8-6　园林框景。设计师利用门、窗对景物进行框选，形成景中成景的效果。不仅起到延长景深的效果，还能增添游客的观赏情趣

（3）组景作用。在园林设计中，常常使用建筑的部分结构（如门洞、门窗、景墙等）将园林中的景色有效地组织到某个画面中来，使园林景观更丰富，层次更深远，意境更生动，画面更富诗情画意。

3. 划分空间

园林建筑可通过围合成庭院或以建筑为主，并辅以其他园林要素，将园林划分为若干空间，以达到多层次进深的园林效果（图8-7）。

4. 组织游览路线

在园林中，当道路与建筑物结合时，可运用对景、障景手法，创造出移步换景的动态观赏效果。另外，还可以利用建筑的导引作用，有序地组织游客对景物的观赏体验。

（二）园林建筑小品的设计原则

园林建筑小品设计应遵循以下原则（图8-8）。

1. 立意新颖

园林小品设计要有深刻的含义和感染力，要体现出所创造的独特意境。在设计上，要巧于构思，精于造型，使其不仅仅是一处观赏和使用的园林构筑物，更是充分体现思想内涵和文化底蕴的园林主要组成部分。

2. 特色鲜明

园林建筑小品不仅具有浓厚的艺术特点，还应当具有鲜明的地方特色，并需要与园林周边环境相协调，以形成具有特色的园林景观。

3. 体量轻巧，精于体宜

园林建筑小品一般在体量上力求精巧，不可喧宾夺主。同时，在形式上力求得体，不可失

图8-7　建筑分隔空间。用园林建筑进行空间分割，可遮挡游客视线，起到隔景效果

图8-8　具有特色的小品设计

去相应的"分寸"。在不同的园林环境空间中，根据实际要求，设计出相应体量、适宜尺度的小品类型。同时，应遵循园林空间与小品之间最基本的"精于体宜"的构图原则。

4. 符合功能要求

在园林建筑小品设计时，既要考虑其造型美观、内涵丰富，更要注重小品的使用功能。因此，根据不同园林建筑小品所具有的使用目的，设计出符合规范的小品形式。

四、水景设计

（一）水的形式

园林水景通过模拟自然界的江河、湖泊、瀑布、溪流和涌泉等水系，设计出平静、流动、跌落和喷涌四种基本水景形式。园林水景设计既师法自然，又不断创新。在整个园林中，可以以一种水景设计形式为主，其他形式为辅，也可以将几种水景形式相结合来进行设计。

（二）水的几种造景手法

1. 基底作用

大面积的水域在园林中具有视野开阔、平坦的特点，同时在空间中起到基底作用，可设置托浮岸畔和水中成景。岸边的物体能够产生倒影，而水面则赋予整个空间以平面感，扩大了空间，丰富了景观效果（图8-9、图8-10）。

2. 系带作用

水系在园林中具有两种系带作用：线型系带作用和面型系带作用。线型系带作用指水体连接不同的园林空间和景点，将各部分联系起来形成整体景观。而面型系带作用则表示水既是关联因素，又能将散落的景点统一起来。水体还能将不同平面、形状和大小的水面整合成一个整体（图8-11）。

3. 焦点作用

动态水体如喷涌的泉水和跌落的瀑布具有引人注目的声响和形态，能够吸引人们的视线。在设计时，除了处理好与周围环境的尺度和比例关系外，还应考虑它们所处的位置。通常将水景安排在向心空间的焦点上、轴线的交点上、空间的醒目处或视线容易集中的地方，使其突出并成为焦点。水景设计形式有喷泉、瀑布、水帘、水墙、壁泉等。

图8-9 宽阔的湖面，似一面镜子，镜像了岸上风景，丰富了竖向景观。微风拂过，引起湖面阵阵涟漪，湖中风景时而清晰时而模糊，增添了生命的韵律

图8-10 开合的水面。水面宽、窄变化，使空间立面更加完整、动人

图8-11 园林水景。水系既可以分割园林空间，又可以通过水中倒影将两岸空间进行连结，成为一体

图8-12 上海海湾森林公园的梅园

五、植物种植设计

植物种植设计又称为植物配置，是指用乔木、灌木、草本、藤本等植物来创造景观，充分发挥植物本身的形态、线条、色彩等自然美，配置成一幅幅美丽动人的画面供人们观赏。园林植物经过选择、布局和种植后，在合适的生长期和季节里可以成为园林的主要欣赏内容（图8-12）。因此，植物造景既要考虑植物本身的生长发育特性，又要考虑植物与生境、植物与植物之间的生态关系，同时还应满足园林的功能需求，符合人们的审美观念及视觉效果。总之，园林植物种植设计必须既要满足科学性又要遵循艺术性（图8-13）。

（一）园林植物的景观作用

园林植物种类繁多，形态各异，在生长发育过程中呈现出鲜明的季相变化，这些特点为营造丰富多彩的园林景观提供了良好的条件。

1. 动态景观

在景观设计中，植物不但是"绿化"的元素，还是万紫千红的渲染手段。随着时间的推移和季节的变化，植物自身经历了生长、发育、成熟的生命周期，表现出发芽、展叶、开花、结果、落叶以及植株由小到大的生长及形态变化过程，形成可观花、观叶、观树形的景观效果（图8-14）。

图8-13 水陆植物配置。水杉、柳树等耐涝植物，种植在驳岸旁，芦苇装饰着驳岸，成片的睡莲漂浮在湖面上。根据植物的生态习性，科学种植、合理搭配，将水面与陆地相连，形成优美的植物景观画面

图8-14 上海植物园春景。春季是草花盛开的季节，植物园里成片种植各色花卉，形成各种花镜、花坛、花海，是观光游玩的场所，也是科研科普基地

植物具有盛衰荣枯的生命规律，不同季节展现出独特的特征，如春季繁花似锦、夏季绿树成荫、秋季硕果累累、冬季枝干遒劲。这种生命的时序演变为创造四季景观提供了有利条件。通过搭配具有不同季相变化的植物，可以使同一地点在不同时期呈现出各具特色的景观效果，为人们提供多样的感受和体验（图8-15）。

2. 形成空间变化

利用植物材料可以创造特定的视线条件，从而增强空间感，提升视觉和空间序列的质量。这种创造视线条件的方式主要包括引导和遮挡两种形式。引导和遮挡实际上涉及景物的露与藏。根据视线被挡的程度和方式，可以分为全部遮挡、漏景、部分遮挡，以及框景等几种形式。通过巧妙搭配植物，设计者可以掌握和引导人们的视线，创造出丰富而有趣的空间体验（图8-16）。

（1）全部遮挡。全部遮挡的设计手法可以有效地挡住不理想的景色，同时也能够控制游客的视线，使其专注于设计师希望展示的景物。为了实现完全封闭的效果，设计者通常会使用枝叶稠密的灌木和小乔木，通过分层遮挡的方式，形成一道自然的屏障，使不希望被看到的区域得到有效掩蔽，营造出更为私密和宁静的空间。这样的设计不仅能够提升景观品质，还有助于引导游客的视觉体验（图8-17）。

图8-15 白桦林。白桦树具有较好的景观效果，成片的白桦树形成令人难忘的优美景观林

图8-16 植物的引导

图8-17 植物的遮挡，营造宁静休憩空间

（2）漏景作用。使用稀疏的枝叶或较密的枝干，形成一定的遮挡面，使背后的景物呈现隐约可见的状态。这种相对均匀的遮挡，如果处理得当，能够赋予景观一定的神秘感。设计师可以将这样的漏景有机地组织到整体的空间构图或序列中，创造出引人入胜、富有层次感的景观效果。漏景的作用既可以保留一定的隐秘性，又为游客提供了对后方景物的期待感，增强了整体空间的吸引力（图8-18）。

（3）部分遮挡及框景。部分遮挡及框景的设计手法极为丰富，能够巧妙地挡住不理想的景物，吸引人们的目光聚焦在优美的景观上。通过部分遮挡，设计者可以选择性地遮挡或保留景物，实现对园内外景观的精心调控。这种手法可以通过引导视线、开辟透景线、加强焦点等手段，安排对景和借景，扩大视域或引导观赏者专注于特定的美景（图8-19）。

将视线的收与放、引与挡合理地安排到空间构图中去，创造出具有一定艺术特色的时空序列。将植物材料组织起来可形成不同的空间序列，在时间的移动中，为游客呈现出不断变化的、丰富多彩的、具有艺术感染力的园林空间（图8-20）。

图8-18　植物的漏景作用

图8-19　植物的框景作用

图8-20　围合空间与闭锁空间。利用植物围合空间，可增加向心和焦点作用；树林可以封锁视线，形成只有地和顶两层界面的空透空间

3. 形成观赏景点

园林植物作为主要的景观材料，拥有丰富的形态、色彩和风韵之美。通过合理的配置，可以突显植物的个体美和群体美。孤植可以展示植物的独特姿态，而群植则通过一定的构图方式展现植物的群体之美。此外，根据植物的生态习性进行巧妙地搭配和安排，创作出乔木、灌木、藤本植物、草本植物相结合的生态群落景观（图8-21）。

乔木是构成园林植物景观的主要元素，如银杏、毛白杨等树干通直，气势雄伟；老年油松、侧柏等曲虬苍劲，质朴古拙；秋季色叶树种如枫香、乌桕、黄栌等，如果大面积种植，可以形成层林尽染的美丽景观。此外，一些观果树种，如海棠、山楂、石榴、柿树等，季节性的硕果可以呈现出一片丰收的景象（图8-22）。

灌木在植物造景中扮演着不可或缺的角色。一些灌木具有美丽的花朵，有些则以宜人的树形为人所喜爱。通常，灌木以丛植的方式为主，表现出群体美的观赏特性。例如，榆叶梅、连翘、紫荆、杜鹃等灌木在春季盛花期形成的花海十分绚烂，给人强烈的视觉冲击。另外，紫薇、碧桃、西府海棠、金凤花等观赏价值较高的灌木，作为孤植树也显得非常优雅（图8-23）。

图8-21 植物造景。植物种类繁多，观赏形式丰富，可观花、观果、观叶、观孤植、观群植等等。植物形成的生态群落可以独立形成观赏景点，也可以与其他造园要素结合共同形成观赏点

图8-22 植物为主景。树木孤植或者群植，皆可构成园林主景

图8-23　灌木造景。利用多种灌木搭配栽植，能形成尺度适宜、层次丰富的植物景观

　　藤本植物在园林设计中发挥着独特的作用。它们可以作为攀援植物，美化墙垣、坡面、山石等，形成立体的植物景观。同时，藤本植物还能够巧妙地攀爬在廊架、花架上，形成独特的景致。此外，它们还可以在地面匍匐生长，形成美丽的地被植物景观（图8-24）。

　　草本花卉以其色彩丰富、种类繁多、株型各异的特点，成为创造多彩景观的理想材料。在园林中广泛应用，形式也多种多样。这些花卉不仅可以露地栽植，形成美丽的花境，还可盆栽摆放，组成花坛、花带，或者利用各种种植容器栽植，点缀城市环境，打造令人赏心悦目的主题园林景观。这样的设计既能烘托喜庆气氛，又能装点人们的生活（图8-25）。

图8-24　充满生机的紫藤棚顶

图8-25　主题花展

4. 利用园林植物形成地域景观特色

各地的气候条件及植物生态习性存在着差异，使植物的分布呈现一定的地域性，如热带雨林及常绿阔叶林景观、暖温带针阔叶混交林景观等都各具特色。这种差异化的植物景观能够反映地域特点，降低各地园林景观的趋同性（图8-26）。

各地在漫长的植物栽培和观赏过程中，形成了具有地方特色的植物景观，这些植物与当地的文化融为一体，甚至有些植物逐渐演化成为一个国家或地区的象征，如加拿大的枫叶、日本的樱花等都为世人皆知。运用具有地方特色的植物进行营造，对于弘扬地方文化，陶冶人们的情操具有重要意义。例如，北京大量种植国槐和侧柏，云南大理山茶遍野，深圳的叶子花随处可见，海南的椰子树凸显热带风光，它们都具有浓郁的地方特色和文化气息。

在园林植物景观设计中，根据环境、气候条件选择适合生长的植物种类，营造具有典型地方特色的景观，是世界各地景观多样性的主要原因之一（图8-27）。

5. 利用园林植物进行意境的创作

利用园林植物进行意境创作是中国古典园林的独特风格，也是宝贵的文化遗产。中国植物栽培历史悠久，形成了灿烂的园林文化。很多诗、词、歌、赋都留下了赞颂植物的优美篇章，并为许多植物赋予了人格化的内容，从欣赏植物的形态美升华到欣赏植物的意境美，达到了天人合一的理想境界。如苏州拙政园的听雨轩景区，具有传统韵味的植物景观能够在雨天表现出

图8-26　植物的地域风情。植物种植要遵守适地适树的原则。不同气候带的植物存在着较大差异，正是这种差异，使得园林景观更加丰富

图8-27　作为地方名片的市花市树。人们看到丁香花便会想到哈尔滨，看到紫荆花就会想到香港

"雨打芭蕉"的高雅意境。翠竹象征的是一种不屈不挠的可贵品质，高洁中带着儒雅，含蓄里透着活力。

古典园林景观创作中常常通过植物抒发情怀，将情感融入景观之中，形成一种情景交融的美感。例如，松树苍劲古雅，不畏霜雪严寒的恶劣环境，能在严寒中挺立于高山之巅；梅花不畏寒冷，凌寒傲雪怒放，"遥知不是雪，为有暗香来"；竹子则"未出土时先有节，便凌云去也无心"。这三种植物都具有坚贞不屈、高风亮节的品格，被称作"岁寒三友"，而梅、兰、竹、菊"四君子"中的兰花生于幽谷，叶姿飘逸，以香气清雅而著称。将其摆放于室内或庭院一角，可营造出高雅的意境。在园林植物景观设计中，这些特定的植物意境已经成为设计者的共识（图8-28）。

6. 利用园林植物装点山水、衬托建筑小品

堆山、叠石以及各类水岸，都可以用园林植物进行美化，园林植物不仅能有效地衬托和强化山水气息，增加山的灵气和水的秀气，还能突出这些重点区域的观赏效果。此外，园林构筑物的设计也需要植物的搭配，以达到与自然和谐相融，形成一个绿色的有机整体（图8-29）。

图8-28　菊花展。菊花品种繁多，易于造型，是人们愿意开设花展、研究创意的花卉

图8-29　植物造景。园林植物能为建筑起到背景作用，使建筑更加突出；可以装饰驳岸，是水面与陆地衔接的纽带，水生植物还可以丰富水面景观，给平淡的水面增添色彩

（二）园林植物的生态作用

城市绿地改善生态环境的作用主要是通过园林植物的生态效益来实现的。园林绿地具有结构复杂、层次丰富、稳定性强等特点，具有防风、防尘、降噪，吸收有害气体的作用。因此，在有限的城市土地中建设尽可能多的园林绿地，是改善城市环境、建设生态和谐家园的必由之路。植物对环境的生态作用主要体现在以下几个方面。

1. 改善气候

绿色植物在城市环境中的作用显著。它们不仅能阻挡阳光直射，还能通过蒸腾散热有效地降低小气候的温度，减缓温度上升。统计数据显示，在夏季绿地内气温相比非绿地降低了3℃~5℃，比建筑区域降低了约10℃。每增加1%的绿地面积，城市气温可下降0.1℃。另一方面，在冬季有植被覆盖的区域，相比无植被区域其温度可增加2℃~4℃。这表明绿色植物对城市气温调节起到了重要的作用。

2. 净化空气

植物在净化空气方面发挥了重要作用。植物林带能够减缓气流，使风速降低，有助于一些污染物的沉降。此外，植物还具有杀菌作用，绿地中的菌含量显著低于其他区域。室内空气中的菌含量相较于公园高400倍，相较于林区高10万倍；林区每立方米大气中有3.5个细菌，而城市中却可高达3.4万个。这说明植物在改善空气质量和减少细菌数量方面具有显著效果。

3. 降低噪声

植物在减少噪声方面发挥着显著的作用。40m宽的林带可以减少噪声10~15分贝（dB），而城市公园里成片的树林可使噪声降低26~43分贝（dB）。相比之下，没有树木的街道上的噪声水平要比郁郁葱葱的街道高4倍。

4. 保持水土

绿地不仅具有固土作用，而且在防止泥土流失方面表现出色。据报道，草类覆盖的区域泥土流失量仅为裸露地区的1/4。此外，绿地还有助于蓄水，平均每亩绿地比裸露土地多蓄水20m³左右。这意味着千万亩绿地就像一个巨大的地下水库，为水资源的保护和可持续利用提供了支持。

5. 吸收二氧化碳制造氧气

绿色植物通过吸收空气中的二氧化碳并进行光合作用释放氧气，使人类得以生存，绿色植物是人类生存的基础。

（三）种植设计的一般原则

1. 符合园林绿地的性质和功能要求

进行园林种植设计时，首先要从该园林的性质和主要功能出发。园林绿地有众多的功能、作用，各类绿地在城市环境中承担着不同的任务，如市中心街旁绿地需关注市容美观；城市综合性公园，根据其多种功能要求，要有集体活动的大草坪、有遮阴的乔木、有艳丽的气氛或成片的花灌木、有安静休憩需要的密林、疏林等（图8-30）。

2. 园林艺术的需要

（1）总体布局。规则式园林通常以对植和行植为主，强调整齐的种植形式；而自然式园林则突显植物的天然特性，采用不对称的配置，特别在自然山水、草坪和小型建筑附近更倾向于自然式种植，而在大门、主要道路、广场及大型建筑附近则多采用规则式布局（图8-31）。

图8-30 街道绿化。主要功能是遮阴，在解决遮阴的同时，也要考虑组织交通的作用

图8-31 丰富的植物群落空间

（2）季相变化。在园林植物设计中，对于存在季相变化的植物，可以通过分区分段的配置方式，使每个区段突出一个植物季相景观主题。然而，在重要景点和四季游客集中的区域，应确保四季都有景可赏。即使在以季节景观为主的地段，也要巧妙点缀其他季节的内容，避免一季过后显得过于单调（图8-32）。

图8-32 扬州个园。用植物与石材营造的春、秋景观

全面考虑植物在观形、赏色、闻味、听声上的效果至关重要，充分发挥每种植物的特点，综合进行植物配置。例如，茶条槭主要观其叶形和叶色，而榆叶梅、丁香则以花色为主要观赏点，白桦树可欣赏其枝叶和树干。通过多种植物协调搭配，能更好地突出植物群体的美感。

3. 选择适宜的植物种类，满足植物生态要求

在植物种植时，应按照绿地功能和艺术要求进行植物种类选择。例如，行道树在满足主要遮阴功能的同时，要求选择分枝点高、容易成活、生长快、适应城市环境、耐修剪的树种；而绿篱要求选择上下枝叶茂密、耐修剪、能组成屏障的树种。种在山上的树种，应具有耐干旱的能力，需起到衬托山景的作用；种在水边的植物要求能耐涝，且能起到连接岸和水的桥梁作用。

在植物种植选择时，应以当地乡土树种为主。这不仅遵循因地制宜、适地适树的原则，使植物与生态习性相符，还创造了合适的生态条件，促使植物正常生长，满足植物的生态要求。

4. 植物的种植密度直接影响绿化功能的发挥

植物的种植密度直接关系到绿化功能的发挥。从长远角度考虑，树木的种植距离应基于成年树木冠幅的大小来决定。然而，在追求短期内良好景观效果的特殊情况下，可选择较近的种植距离。通常，使用速生和慢生树种合理搭配，解决近期和远期景观效果的平衡问题，但必须确保树种搭配符合各自的生态要求，以实现理想效果。

在树木配置方面，要兼顾速生和慢生树种、常绿和落叶树种、乔木和灌木、观叶和观花树种的搭配。种植搭配时要注重和谐，渐次过渡，避免生硬，同时要保留原有树木，尤其是古树名木，以确保整体绿化效果的完美呈现。

（四）乔灌木的种植设计

乔木和灌木都是直立的木本植物，在园林绿化功能中起到显著作用，居于主导地位，在园林绿地中占比较大，是园林绿地最重要的组成部分，是园林绿化的骨架。

1. 孤植

孤植树在园林中可以起到两种作用：一是作为园林中独立的庇荫树；二是单纯为了构图艺术的需要。

孤植树是园林种植设计的主景，其四周要开阔，使树木能向四周伸展，突出树木的形体美。同时，在孤植树的周围要安排最适宜的观赏视距，以供人们欣赏。孤植树作为主景是用来展现植物个体美的，因此，所选树木外观上要挺拔繁茂，雄伟壮观（图8-33）。

2. 对植

在园林造景中，孤植与对植所起的作用不同，孤植是主景，对植永远作配景。在规则式构图中，对称栽植的形式较多，例如：在道路的两旁，建筑或公园的出入口处，也经常采用对植的种植形式；在自然式园林构图中，植物多采用不对称均衡的种植形式来达到对称效果，来实现左右均衡。如自然式园林的出入口两旁、建筑的门口也多采用不对称均衡的栽植形式，来体现自然式设计。

图8-33 雄健的大雪松

3. 丛植（树丛）

树丛可以分为单纯树丛和混植

图8-34 丛植造景。树丛与石材的搭配突出了质感、色彩的强烈对比

树丛两类。在作用上，可起庇荫作用，可独立作主景，也可作建筑物、山体的配景（图8-34）。树丛作主景或焦点时，可以配置在大草地中央、水边、河湾或土丘土岗上，其四周应空旷，以便突出主景，也可作为框景，还可以布置在岛屿上作为水景的焦点。

4. 群植

群植形式可分为：单种树木群植和多种树木混植。混合式种植是园林树木的主要群植形式，所采用的树木种类较多，能使林缘、林冠形成不同的层次。混合式群植的组成一般可分为4层：乔木层、亚乔木层、灌木层、草本地被层。

5. 列植

列植是指乔、灌木按一定的线条成排、成行地栽植。行列栽植形成的景观比较单纯、整齐，如广场、道路、工厂、矿山、居住区、办公楼等处常采用列植的形式。树木可单行种植，也可多行种植。株行距的长短取决于成年树冠的冠径。

第三节 任务实施

一、任务布置

园林设计要素训练。

二、任务组织

（1）课堂实训课题："社区公园设计"之空间构成要素设计（第六章课堂实训图6-18），独立完成。

（2）课后园林绿地调研作业：将全班同学分成五组分别调研五类绿地，包括综合性公园、郊野公园、街旁绿地和社区公园、居住区、带状绿地。小组成员通过实地考察，对绿地中形成景观节点处进行拍照，对此处园林要素搭配形式进行点评，并记录评论意见。每类绿地不少于5张照片。将调研结果在课堂进行汇报、交流［结合本章"课后作业（1）"来完成本次任务］。

（3）课后作业，根据课程大作业的任务要求，同学在第七章的图纸基础上深化并完成园林要素的设计内容，完成最终的设计方案［详见本章"课后作业（2）"］。

三、任务分析

1. 课堂训练任务分析

在"社区公园设计"之前，首先对基地地理位置、周边用地等情况进行分析，明确主要服务人群及其潜在需求，然后再对各功能区要"完成的任务"进行园林要素搭配，在设计过程中要考虑当地历史、人文背景，园林各要素的功能作用等内容。

（1）园路的宽窄是由使用功能、人流量等因素决定的。社区公园的道路设计也要考虑消防通行。路面要有一定坡道便于雨天排水。

（2）园林水体要具有流动性。设计时要考虑进水、出水位置，避免采用无流通的水系。

（3）园林植物具有地域性特征，设计时尽量选择乡土树种。在植物四季景观营造过程中，要考虑植物对昆虫的吸引作用。在居住区、社区公园等居民区附近避免使用八角金盘这类吸引蚊虫的植物。

2. 课后作业任务分析

（1）通过园林绿地调研，感受并理解园林各要素之间协调搭配的艺术设计表现形式。

（2）将园林要素设计具体内容和原则在课程大作业中体现出来。

（3）感兴趣的同学可尝试完成一套居住区园林要素设计作业。

四、任务准备

结合课程大作业，根据任务分析指引，完成前期相关的设计图纸。

五、任务要求

（1）了解当前园林数字化设计发展潮流。

（2）在课程大作业的基础上完成各功能区园林要素设计内容。

本章总结

本章学习的重点是了解园林构成各要素的设计方法，掌握园林各要素之间的搭配关系及在园林构图中的应用，理解造园各要素的功能作用，难点是植物配置时，植物的动态空间变化对园林空间营造的把控，及各要素之间搭配的协调关系。

课后作业

（1）园林绿地调研：将班级同学分成5组，分别完成综合性公园、郊野公园、街旁绿地和社区公园、居住区、带状绿地这五类绿地中园林要素设计的调研工作，并制作PPT进行汇报。

（2）CAD图纸绘制。结合课程大作业，完成公园设计，内容要求有微地形设计（高差不小于1米），并将相关图纸进行优化调整。

（3）水系设计：运用5种以上的植物进行驳岸景观设计，要求有季相变化，至少体现三季景观。

思考拓展

思考：为什么说园林是动态变化的景观环境。

课程资源链接

课件

园林设计
项目解析

第三部分

第一部分和第二部分讲述了园林设计的基本方法、园林设计的基本程序、构图方法、园林各要素的设计形式等方面知识。如何运用这些知识、方法来解决设计过程中遇到的问题呢？第三部分将以具体的园林项目方案为例，来说明各类型园林绿地的基本设计过程、采用的方法和思路、空间布局等方面内容。

第九章 项目案例

第一节 园林广场设计

项目名称：吉州窑主入口地块公共景观艺术工程设计

建设单位：吉州窑管理委员会

设计单位：上海浦东建筑设计研究院有限公司

项目位置：江西省吉安县永和古镇入口，毗邻吉州窑国家遗址考古公园

项目面积：约2.5万m²（另有一处停车场地约1.5万m²）

气候类型：亚热带季风气候

一、任务书

本阶段主要了解项目委托方的具体要求，组建设计团队，针对任务书进行项目分析，制定初步的设计工作进度计划表。

二、现场踏勘及现状分析

（1）现场踏勘。原状地块由淤塞的水塘、荒地、树林组成，场地周边为土堤、农田、村庄和道路（图9-1）。

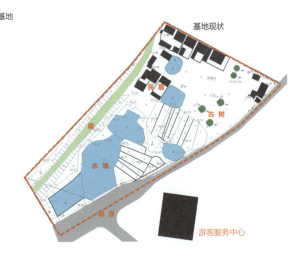

图9-1 基地现状及周边图

（2）区域及交通分析。基地在永和古镇入口处，东邻吉州窑考古遗址公园，西与吉州窑农业观光旅游区相接，南接749县道与吉州窑游客服务中心（图9-2）。

（3）自然资源分析。吉州窑是全国重点文物保护单位，集文化、旅游、考古、科研为一体的4A级旅游景区。现场立地条件较好。地势相对平坦，场地内有一干枯水塘，几棵百年古香樟树长势良好。

（4）历史、人文分析。吉泰民安寓美意，江南望郡扬芳名。这里是被称作"金庐陵"的吉安。吉安自古物阜民淳，文化底蕴厚重。从隋朝到元朝初年，吉安被称作吉

图9-2　区位分析图

州，永和属于吉州的管辖范围。吉州窑因地得名，在晚唐时期开创烧窑历史，五代、北宋时期，窑业开始兴旺，南宋达到鼎盛时期，元末明初窑业开始衰落，吉州窑距今已有1200多年的悠久历史。

三、概念设计阶段

1. 设计定位

形象定位：景区入口门户、永和镇重要地标、吉州窑传统形象；

功能定位：集游览、集散、展示于一体的综合性休闲体验广场；

文化定位：古县、古镇、古窑的历史文化展示场所。

2. 概念构思

根据任务书要求，现场踏勘，充分考虑当地历史人文背景，并对项目进行综合分析后得出结论：以历史文化和自然景观资源为依托，以吉州窑陶瓷文化、古镇文化、非遗文化为载体，营造出既有历史底蕴，又具有现代科技内涵的综合性文化休闲广场。项目作为吉州窑国家考古遗址公园的主入口门户空间，因此打造集游览、集散、展示于一体的综合性广场，并成为永和镇的一处重要地标和吉州窑文化的展示平台。

概念设计采用功能图解法，用"泡泡图"的表示方式将基地的情况和要素之间的关系表达出来，将基地初步划分为三个主要功能区：入口集散广场区、文化体验区、休闲活动区（图9-3）。

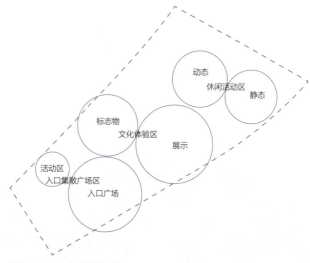

图9-3　概念性功能分区图

四、方案设计阶段

1. 对方案进行完善、深化，绘制总平面图、鸟瞰图等

（1）对方案进行深化。将基地的入口集散广场区、文化体验区、休闲活动区做进一步深化。将入口处设计成供游客集散的广场及水景活动区。开敞的水塘空间与活泼的跌水结合，形成明快灵动区域；文化体验区设计标志性建筑或雕塑，为广场创造了视线集中的景点，设计展示本地文化的雕塑区；休闲活动区可设计景观廊架、疏林草地，为人们提供休憩、观赏雕塑的场所。最后形成方案总平面图（图9-4），以及总平面景观布置图（图9-5）。

（2）方案进一步调整和深化。

1）在延续古村、古镇的乡土风貌基础上来营造景观环境，丰富游园体验感。保留场地现有水塘，采用跌水处理手法，给人以灵动而深远的感受；保留场地内古樟树，设计池塘边的三折草轩和段落式的匣钵碎片夯土矮墙，营造绿树浓荫夏日长的景观效果。

2）重点挖掘传统民俗文化。中秋烧火塔是庐陵地区独具魅力的习俗，结合吉州窑窑烧文化设计出一座具有文化标识性与传承性的千吉火塔。

3）体现意境美。活动广场中心铺设跃鹿纹地面浮雕，神鹿跳跃口衔灵芝，表达生动活泼的艺术感受与祈福纳吉的美好愿望（图9-6～图9-9）。

景观平面

图9-4 广场总平面图

图9-5 广场总平面布置图。根据各功能区特点设计景点，并将各个景点布置在总平图中

图9-6 鸟瞰图。设计构思是从竖、横向两个方向上进行景观文化展示：竖向通过一座高耸的火塔来表现吉州窑千年窑火的历史形象；横向以五组历史主题雕塑体现当地名人故事以及古镇历史发展的重要节点

图9-7 火塔中心区。临水的火塔与主题雕塑串联，小桥流水、荷塘草轩，以及几棵百年古樟树的点缀。这些都给火塔景观空间带来疏朗雅致的文化底蕴

图9-8 草轩休憩区。三折草轩和段落式的夯土矮墙，述说着古镇、古窑、古村风貌的延续

图9-9 池塘水景区

2. 园林设计分析图

功能分区、交通流线、照明分析、公共设施分析等（图9-10～图9-13）。

3. 局部透视效果图

效果图的三维仿真技术可以很好地模拟真实环境，能帮助客户清晰地了解项目施工完成后所呈现的景观效果和内容，同时也便于设计师与客户沟通（图9-14～图9-16）。

图9-10 功能分区图

快速通道
主要园路
次要园路

图9-11 交通流线分析

图9-12　竖向分析图

图9-13　展示分析图

图9-14　入口效果图。在不同时段，不同光线条件下展现入口景观

图9-15　夜景灯光效果图

图9-16　火塔区域夜景与白天的效果图

4. 火塔的平、立、剖面及示意图

千吉火塔是全园的主要景观构筑物，是全园的制高点，承载着吉州窑窑烧文化的标识与传承。结构设计采用钢结构作为主框架。主框架自上向下逐层放宽，在逐层加高的同时确保主体结构受力合理。在主框架上焊接方钢龙骨，龙骨外是窑砖墙。窑砖加孔，在每块窑砖的两个孔中穿直立钢筋，再将直立钢筋与铁片和方钢龙骨焊接。如此，每块窑砖既有砖之间的相互砂浆叠砌，又有两根直立钢筋与龙骨焊接，既保证了火塔的结构稳固，又得到通透、轻盈的窑砖墙镂空效果（图9-17～图9-19）。

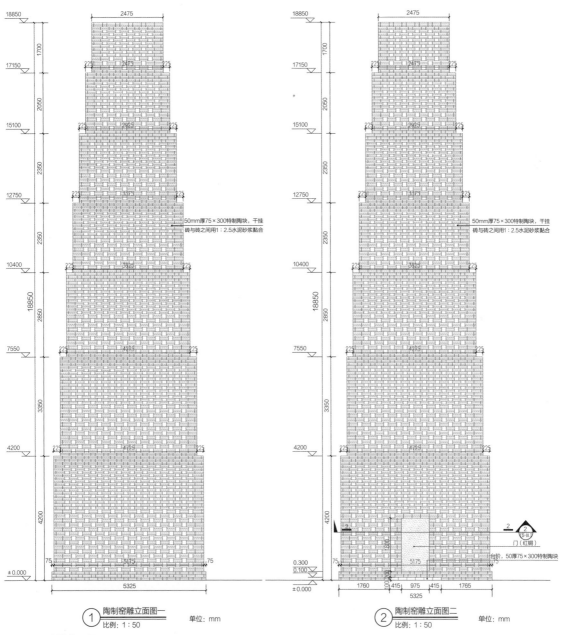

① 陶制窑雕立面图一　比例：1：50　　单位：mm

② 陶制窑雕立面图二　比例：1：50　　单位：mm

图9-17　火塔立面图

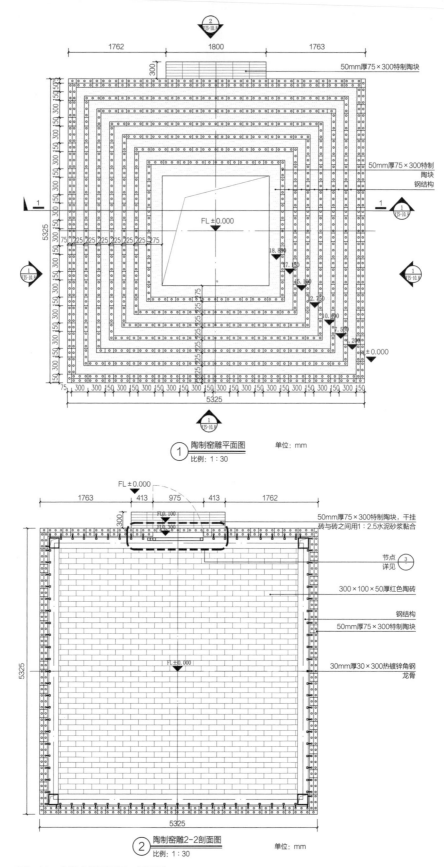

1762 1800 1763

50mm厚75×300特制陶块

50mm厚75×300特制陶块

钢结构

5325

FL±0.000

18.800

17.150

15.100

12.750

10.400

7.550

4.200

±0.000

75 225 225 225 225 225 225 275

5325

75 300 300 150 300 150 300 150 300 150 300 150 300 150 300 150 300 300 150

① 陶制窑雕平面图   单位：mm
  比例：1:30

FL±0.000

1763 413 975 413 1762

50mm厚75×300特制陶块，干挂
砖与砖之间用1:2.5水泥砂浆黏合

FL0.100
FL0.300

节点   ③
详见

300×100×50厚红色陶砖

钢结构
50mm厚75×300特制陶块

30mm厚30×300热镀锌角钢
龙骨

5325

FL±0.000

5325

② 陶制窑雕2-2剖面图   单位：mm
  比例：1:30

图9-18 火塔底部平面图、剖面图

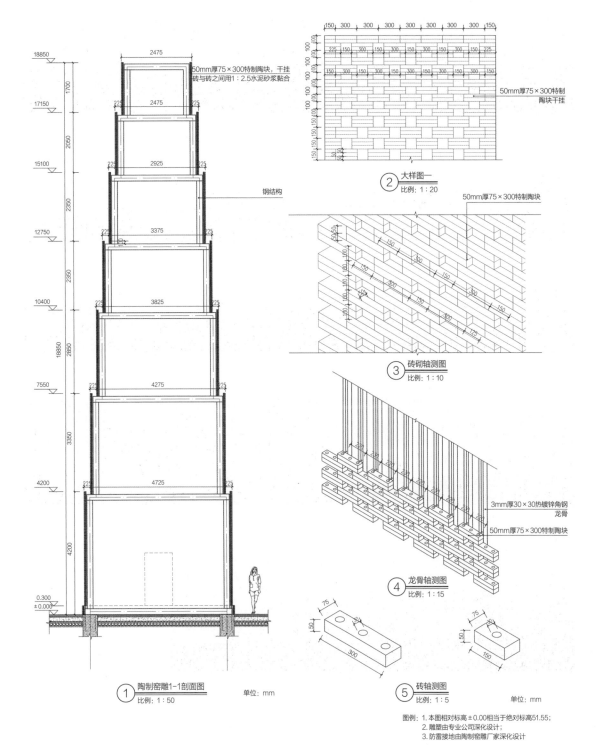

图9-19 火塔剖面图、大样图、轴测图

5. 雕塑设计

研究《东昌志》所载史料，梳理永和的发展历程后，将永和古镇的发展历程归纳为：开埠、发展、繁荣、转折。这四段过程从历史长卷中加以提取，并串联吉州窑兴衰史、商埠文化、书院文化、先贤义士等内容，设计场景雕塑，生动地再现历史人文景观（图9-20～图9-24）。

图9-20 东汉置县，耕且陶焉。用雕塑的形式再现农耕文化，还原古人的生活场景

图9-21 琢土成器，艺高品精。用雕塑的形式再现制陶场景，弘扬文化传承

图9-22 舟车都会，器行天下。用雕塑的形式再现陶器贩卖场景

图9-23 地灵人杰，文风兴盛。用雕塑的形式再现古人授课场景，提倡学习文化的重要性

图9-24 正气节义，义勇抗元。用雕塑的形式再现历史场景，歌颂民族英雄勇于牺牲的大无畏精神

6. 铺装材料及图案（图9-25）

（1）优先考虑选用乡土原生材料，将人造景观与自然环境相融合，提高园林生命力。

（2）根据设计意图，用铺地材质、图案来体现吉州窑文化符号，借此表达象征意义。

（3）选用透水材料，利于排水，避免内涝，体现了园林作为生态基础设施的重要作用。

7. 植物配置（图9-26）

（1）保留基地原有植物，特别是古树名木，适度梳理基地内的其他树种。

（2）常绿与落叶树木配置比例合理，乔、灌、草搭配采用自然群落式种植，而非规整式种植。

（3）构筑物后侧适当种植乔木，形成背景；驳岸植物种植成带状，形成完整绿色界面，并适量种植水生植物，丰富水面。

图9-25 铺装材料及图案设计示意图

图9-26 植物配置设计示意图

8. 照明设计（图9-27）

（1）设计内容要满足安全性。

（2）考虑节能要求，主体照明选用节能LED灯具。

（3）整体照度适宜，重点空间提高亮度，以人为本，避免眩光。

（4）点、线、面结合的照明方式。

（5）采用暖黄色、白色的照明色彩，表达雅致温馨的效果。

9. 生态景观（图9-28）

（1）保留现有古树并适量增种植物，使用植草沟、生物滞留型树池等设施，提升绿量及环境品质。

（2）利用原有溪塘连通水体，通过水生、湿生植物种植，达到水系循环，水体净化效果。

图9-27　照明设计示意图

图9-28　生态景观示意图

五、施工图阶段

施工图阶段是将设计与施工工作联系起来的重要环节，图纸中应准确标注出各项设计内容的尺寸、位置等信息（图9-29、图9-30）。

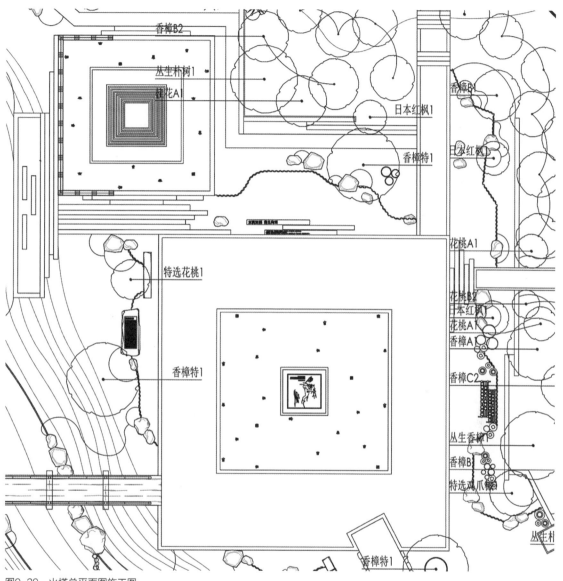

图9-29　火塔总平面图施工图

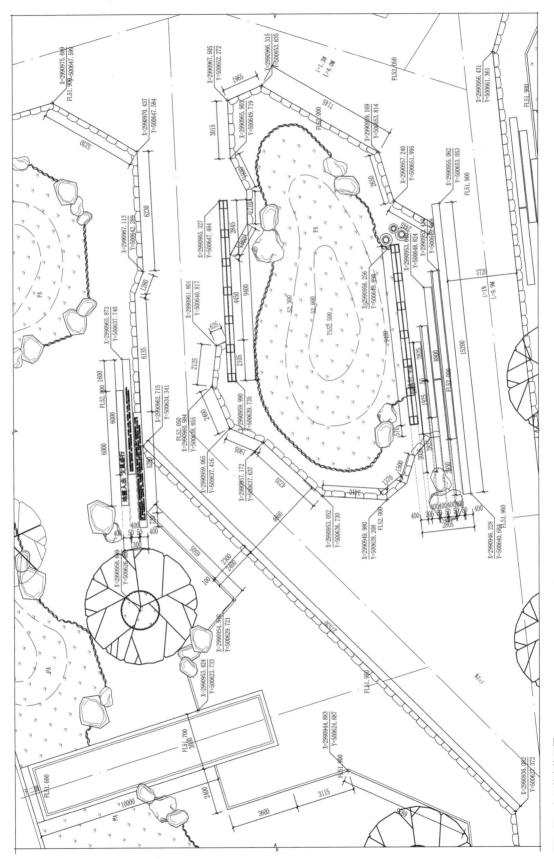

图9-30 入口节点施工图

六、建成效果

整个入口广场设计构思巧妙新颖，分区合理，园林手法的运用和细部处理得当，火塔、水景、草轩、雕塑的设计具有新意（图9-31～图9-48）。

图9-31　建成效果全景图

图9-32　建成后的草轩。保留的水塘以跌水的处理手法连通着主水面与小莲塘，莲塘边的古树与草轩、土矮墙相结合，形成小桥流水碧潺潺的园林意境

图9-33　千吉火塔。火塔呈四方形，共七层，塔高18.85m。火塔以红色陶砖材料交错堆叠，四面镂空，镶嵌亚克力板雕刻的上千个吉字，寓意千年吉州窑火

图9-34　"吉"。千吉古塔的吉字为当时普通窑工所书写，由考古挖掘出来的陶片拓印而来

图9-35　草轩正面与内部空间

图9-36 雕塑1。展现陶瓷搬运场景

图9-37 雕塑2。再现古代集市热闹场景

图9-38 雕塑3。展现古代人们生活的场景

图9-39 低矮土墙。用匣钵碎片及泥土夯砌而成

图9-40 景墙。述说着吉州窑的历史

图9-41 亲水平台

图9-42 条石座凳

图9-43 条石路面

图9-44 跃鹿纹地面浮雕

图9-45 原生态路面。用回收的老石材、煤渣、碎石铺筑而成

图9-46 匣钵碎片再利用。匣钵碎片回收后砌筑了矮墙，铺筑了路面，又一次发挥着自身价值

图9-47 材料细部设计

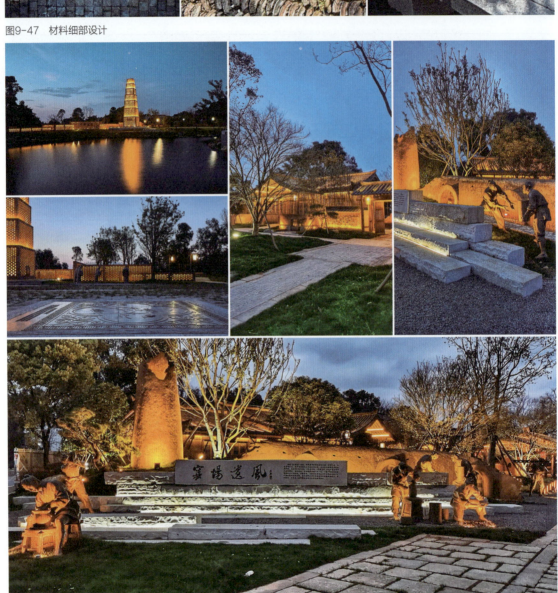

图9-48 广场局部夜景图

第二节 商业区景观设计

项目名称：杭州来福士景观设计
甲方单位：中国联合工程公司

设计单位：太璞建筑环境设计咨询（上海）有限公司
项目位置：位于浙江省杭州市钱塘江新城区
项目面积：40355平方米
气候类型：亚热带季风气候

一、任务书

本阶段主要了解项目委托方的具体要求，组建设计团队，针对任务书进行项目分析，制定初步的设计工作进度计划表。

二、现场踏勘及现状分析

1. 现场踏勘

杭州来福士项目基地位于杭州市江干区钱塘江北岸，钱江新城核心区（CBD）未来中央商务圈E-02-1、02-2、02-3、02-4地块，东南方向与富春路衔接，能眺望钱塘江，具有良好的景观视野；西南方向是新业路比邻杭州市民中心，杭州大剧院及杭州国际会议中心，是文化与商业轴线的交汇点；东北方向与丹桂街相邻，是预留公建用地。基地四周拥有便捷的步行交通路线，地铁出入口直接连接项目基地，地下停车场有电梯直达各层，使整个项目具有良好的可达性（图9-49、图9-50）。

图9-49　基地现状及周边。来福士广场位于杭州市新CBD绿色轴线上

图9-50 区位分析图。来福士广场位于城市功能轴线和视觉轴线的焦点上

2. 现状分析

来福士一层设有六个商场入口，其中，基地南出口与杭州大剧院、杭州国际会议中心以及波浪文化城的绿地花园相呼应；北出口丹桂街与民心路交界处的商业出入口相连，形成了与城市规划商业街呼应联动的效果。另外四个出入口与室外庭院相连通，有效地引导人流方向。人们能以最短的距离到达想去的出入口，同时，也给公众留出更多的活动空间。

三、概念设计阶段

1. 设计定位

杭州来福士广场将成为城市中的会聚点、商业枢纽、市民及访客的目的地。

2. 概念构思

根据任务书要求及现场踏勘情况，对项目进行综合分析，充分考虑项目基地所处地理位置的城市经济状况、发展前景等内容，经过团队探讨，决定将本项目打造成现代化的商业园林景观。

提炼园林设计元素后进行构思（图9-51），将基地划分成活动区、户外休闲区、景观展示区、交流互动区等4个主要区域，并对4个主题进行营造（图9-52），对4个区的材料及铺装色彩进行选取，通过4种主色调营造出4种不同的氛围，突出不同的生活情调，即：自然、轻松、豪华、优雅（图9-53）。

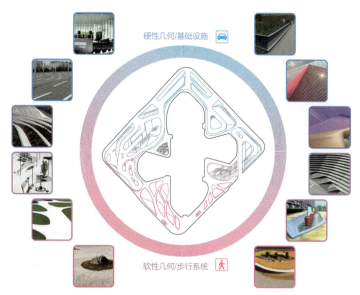

图9-51 概念设计。以泡泡图的形式展现园林景观元素

图9-52 概念设计，主要功能区划分，各功能区主题的概念设计

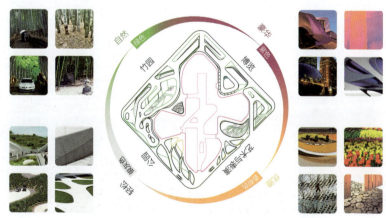

图9-53 材料与铺装设计。4个区选取的意向材料，希望营造出的4种氛围

四、方案设计阶段

首先，对基地边缘的植物景观展开设计，使其能与周边景观及绿化系统形成呼应和衔接。其次，将基地的植物景观与新业路的绿化带连接为一体，并延伸至东西向的小公园后，到达钱塘江边，使城市景观绿化系统实现连续贯通。

对方案进行完善、深化。将商业建筑体的4个出入口分别引入到4个主题室外庭院中，而这4个庭院又与室内中庭紧密连接，向建筑内部渗透拓展，把购物体验巧妙地与绿色生活相结合，使公众充分享受悠然的绿色空间。在满足商场及酒店会所的绿化功能后，也为办公及酒店人员创造了优雅空间，清新的园林环境，整体设计体现了以人为本的宗旨。

（1）对方案进行深化。根据概念设计完成总平图、景观布置图设计（图9-54、图9-55）。

（2）方案进一步调整和深化。完成鸟瞰图、透视图（图9-56~图9-62）。

图9-54　一层总平面图、一层+屋顶花园总平面图

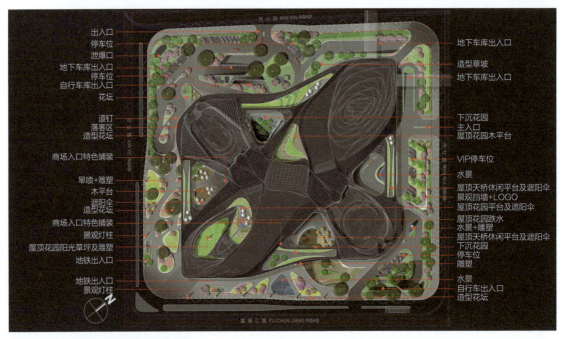

图9-55　一层+屋顶花园总平面景观布置图

图9-56　鸟瞰图

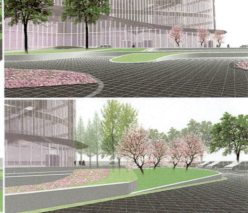

图9-57　西北区花坛透视

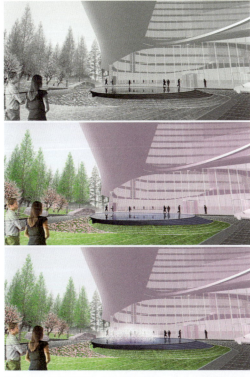
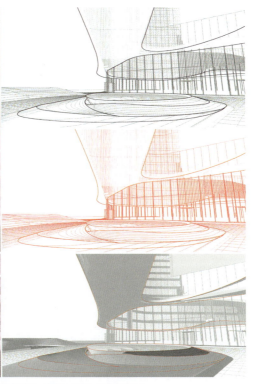

图9-58　酒店广场中央水景透视图1。从人的最佳视觉角度来设计水景的高度与喷泉的形式

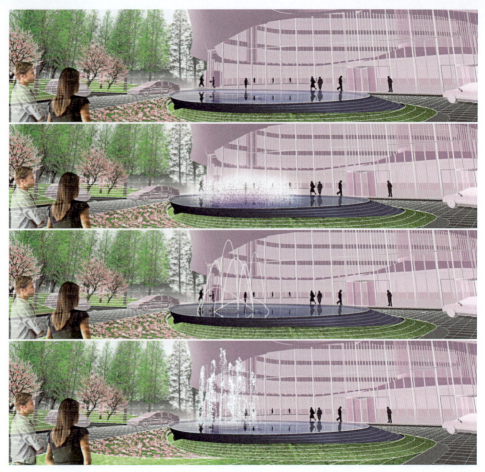

图9-58 酒店广场中央水景透视图2。根据不同的情景氛围，设计出不同的水景喷泉形式，做出不同的水景搭配效果

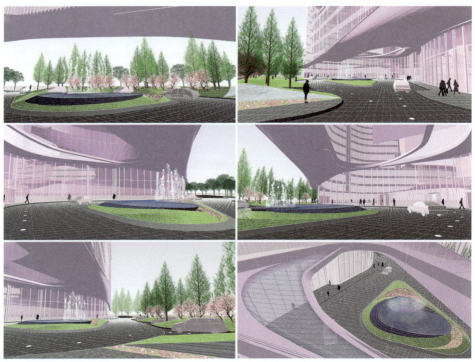

图9-59 广场中央透视图1。力求从不同的角度来观看优美而有变化的水景

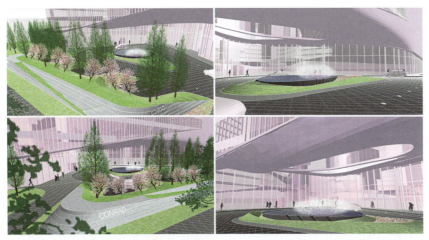

图9-59　广场中央透视图2。从市政道路看进来，标志墙与粉色花树形成互相映衬的景观效果

图9-60　西南角花坛透视图。设计曲线变化的花坛、四季变换的灌木之后，为活动留出空间，加设休闲木平台、遮阳伞、坐凳、雕塑等，使空间既能吸引人们的视线，也能为其提供驻足停留的空间和设施，充分营造商业广场的活动氛围

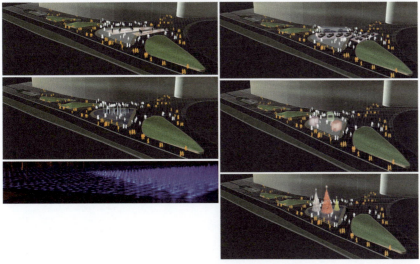

图9-61　东南商场前广场透视图。根据商场活动需要，将该区域设置成不同活动场地。将水景与活动设施相组合，形成丰富、有趣、热闹的节日活动场所

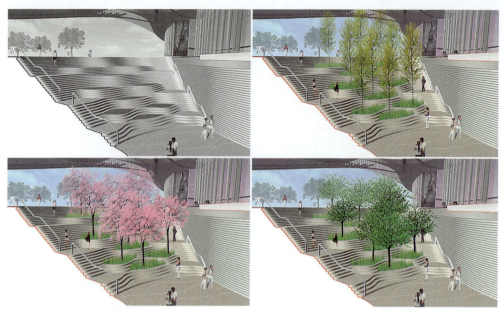

图9-62　西北大台阶透视图。在下沉式花园中设计了几种乔木种植方案进行比较，包括常绿与落叶的区分，色彩的区分及树型的区分

功能分区、交通流线、照明分析、公共设施分析（图9-63～图9-66）。

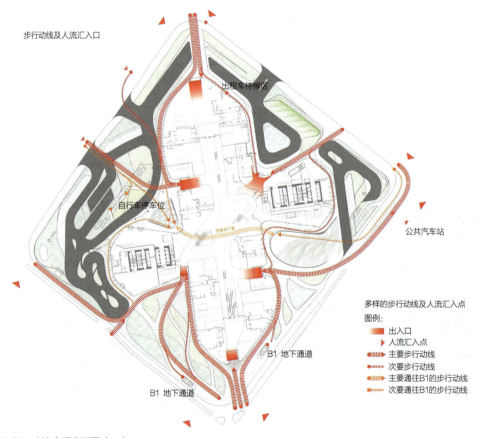

步行动线及人流汇入口

出租车待候区

自行车停车位

公共汽车站

西直街下道

B1 地下通道

B1 地下通道

多样的步行动线及人流汇入点

图例：
- 出入口
- 人流汇入点
- 主要步行动线
- 次要步行动线
- 主要通往B1的步行动线
- 次要通往B1的步行动线

图9-63　人流交通分析图（一）

车行动线与落客区

通往酒店、公寓、地下停车库

通往地下停车库及服务装卸区

通往办公楼，SOHO，
公寓，商场，地下停车库

通往办公楼、地下停车库

图例：
- 车行方向
- 门廊下车处
- 门廊区
- 公寓大堂
- 商务公寓大堂
- SOHO大堂
- 办公大堂
- 酒店及宴会厅大堂

图9-64　车流交通分析图（二）

图9-65　照明分析图

春　　　　　夏

秋　　　　　冬

银杏　　海棠　　　　　　　马褂木　　香樟

日本晚樱

乌桕　　香樟　　　　　　榉数　　香樟

红叶李　　　　　　日本晚樱　　法国梧桐

图9-66　植物季相分析图。充分考虑植物的生态习性、季相变化，营造出不同季节的景观环境

3. 构筑物及特色场地设计

几种挡墙及灯光的做法、灌木季分析图、下沉花园透视图（图9-67～图9-69）。

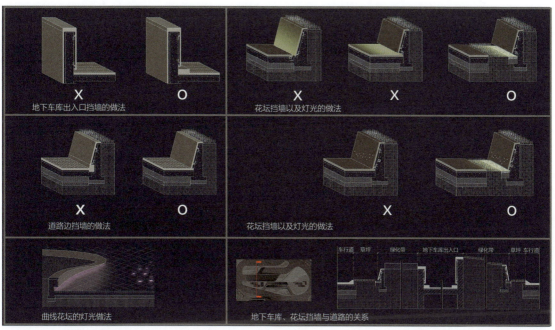

图9-67　景观细部分析图

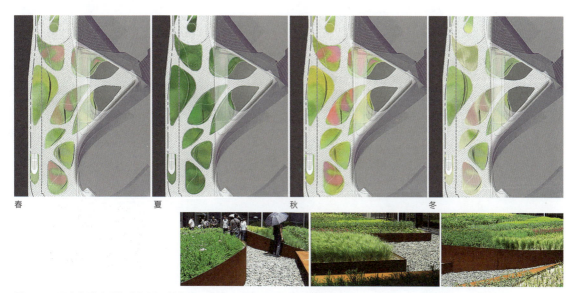

图9-68　西南角灌木季相分析图。从色彩、高度、质感及季相变化等角度出发，对灌木进行合理搭配，营造出富有生机的空间环境，以及丰富变化的视觉美景

图9-69　东南商场前的下沉花园透视图。在下沉花园中，利用台阶间的种植池进行绿化配置，同时设置水景以及跳泉，来增加商业氛围。下沉花园、水景与地下一层的商业空间相联系，形成了丰富多彩的活动空间

4. 铺装设计

场地铺装设计形式及其示意图（图9-70）。

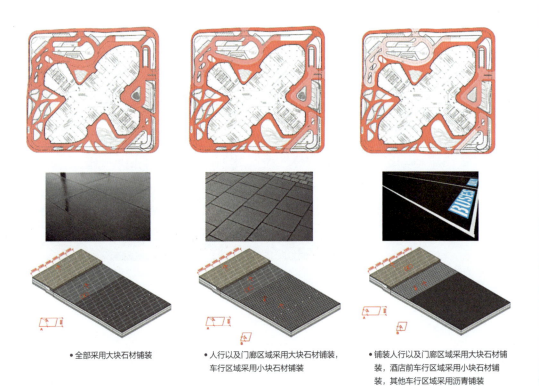

• 全部采用大块石材铺装　　　　　• 人行以及门廊区域采用大块石材铺装，　　• 铺装人行以及门廊区域采用大块石材铺
　　　　　　　　　　　　　　　　　　车行区域采用小块石材铺装　　　　　　　装，酒店前车行区域采用小块石材铺
　　　　　　　　　　　　　　　　　　　　　　　　　　　　　　　　　　　　装，其他车行区域采用沥青铺装

图9-70　场地铺装设计图。根据不同的造价设计出几种方案。较深的红色区域采用大块石材铺装，较浅的红色区域使用小块石材铺装，最浅的红色区域是沥青铺装

5. 树木种植

乔木、灌木配置示意图（图9-71）。

香樟　桃花
海棠　马褂木　银杏
乌桕
樱花　榉树

图9-71　乔木、灌木配置示意图

6. 灯光照明

几种灯光照明设计及其示意图（图9-72）。

图9-72　照明设计及其意向图

五、施工图阶段

施工图阶段是将设计与施工工作联系起来的重要环节，图纸中应准确标注出各项设计内容的尺寸、位置等信息（图9-73）。

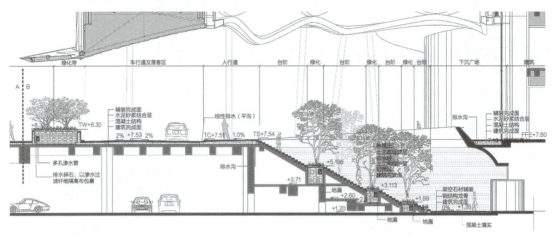

图9-73　大楼楼梯剖面图

六、建成效果

建成后的实景鸟瞰图、下沉花园大台阶、商场入口、停车场入口处（图9-74～图9-78）。

图9-74　实景鸟瞰图

图9-75　东南商场前下沉花园（一）

图9-76　西北大台阶（二）

图9-77　商场主入口

图9-78　停车场入口处

第三节　居住区设计

项目名称：郑州融创中原壹号院景观设计项目。

建设单位：河南融创全界置业有限公司。

设计单位：太璞建筑环境设计咨询（上海）有限公司。

项目位置：河南省郑州市。

项目面积：项目用地面积46893m²，园林设计面积10650m²。

气候类型：温带大陆性季风气候。

一、任务书

本阶段主要了解项目委托方的具体要求，组建设计团队，针对任务书进行项目分析，制定初步的设计工作进度计划表。

二、现场踏勘及现状分析

本项目是居住小区景观设计项目，基地位于郑州市郑东新区北龙湖区域，毗邻如意湖，位于如意湖东侧（图9-79）。该小区的建筑及规划采用中国传统官式阵列的布局手法：横平竖直，有强烈的秩序感（图9-80）。

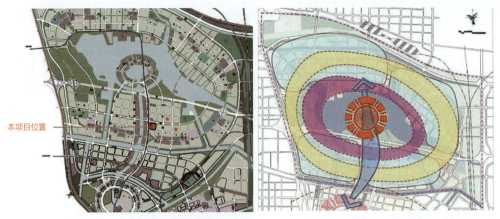

图9-79 北龙湖区规划。项目位于北龙湖区规划商业服务轴线上，理念：一心、一轴、两环、四片

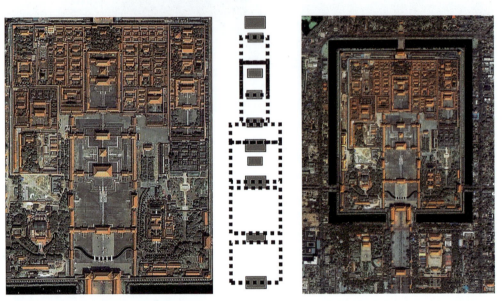

图9-80 北京故宫"轴线+院落"的建筑布局形式

　　中国传统官式建筑格局中，主次轴线和多进院落的组合必不可少。它代表了秩序、端庄与尊贵。

三、概念设计阶段

　　项目设计团队在接到任务后，对基地及周边环境进行踏勘，理解建筑设计院的设计理念，研究郑州历史文化等内容后进行项目设计探讨。小区的整体规划采用了庭院空间设计，因此，小区内的园林景观也应遵循这一设计理念，通过资料查找及现状分析从中寻求突破与创新（图9-81）。初步构思为建造一座可以观照内心的园林静院。设计追求运用自然材料，通过厅、堂、亭、榭使人回归传统本真，崇尚人文精神，让小区的居民仿若生活在人文艺术馆之中。期望通过铺装-家具-古树，展现最高品质的现代居住工艺。

　　采用功能概念图法。研究小区的整体规划，居民建筑间距、高度等基地因素，分析该项目要解决的功能性问题，设计出会所书院、宅间院落以及宅间花园三大功能区布局形式（图9-82）。

图9-81 原有72株大树位置分布图

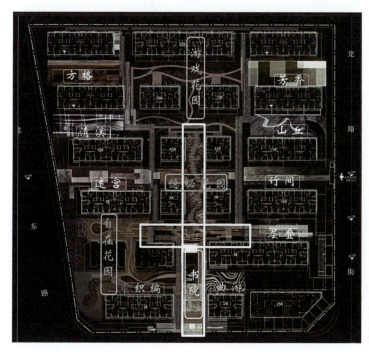

图9-82 功能分区图。一书院+
九个院子+三个花园（南北中轴
线的分区形式）

四、方案设计阶段

1. 对方案进行完善、深化

（1）对方案进行深化，绘制总平面图、鸟瞰图（图9-83、图9-84）。

（2）中轴线采用曲线设计形式。因楼间距较小，采用直线设计会有较强的压迫感，因此，应避免直线设计方案（图9-85）。

图9-83 总平面图。因小区楼间距净宽为20～22m，景观需在狭长形的庭院空间中寻求设计突破，怎样在宽度受限的庭院中，创造多层次的体验，是设计师的主要思考点

图9-84 鸟瞰图

图9-85 中轴线效果图。极具动态感的曲线铺装设计和坐凳设计，配合种植花镜及无修剪的灌木，营造出自然原野的景观效果

（3）九个院子。

院落一：方格。运用"直线""矩形块体"的设计语言，使不同大小的块体随意且平衡的组合在一起（图9-86）。

院落二：层叠。通过石块、植栽、水和卵石，组成抽象且层次感强的庭院景观空间，创造高低不同的地形，塑造各种形态的路径（图9-87）。

院落三：山丘。设计灵感来源于水墨画。有张力的曲线坐凳，蜿蜒律动的步行道，从楼上观看也极具趣味性。具有强烈的动态感（图9-88）。

院落四：墨点。圆弧形花坛以及不同颜色的植栽犹如深浅不一的墨点，利用这些造型来再现中国水墨画（图9-89）。

院落五：溪流。通过流动轻盈的曲线，层次丰富的水生植物、乔木，营造出溪流在林的自然景观空间（图9-90）。

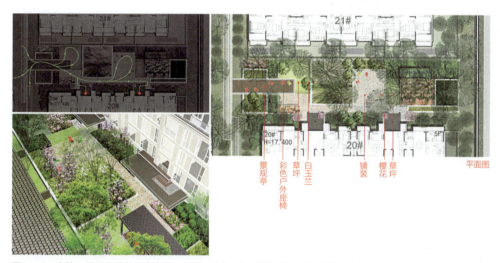

图9-86　方格。层层叠叠的竖向变化，加强了立体感，使整体空间变得丰富、有趣

图9-87　层叠

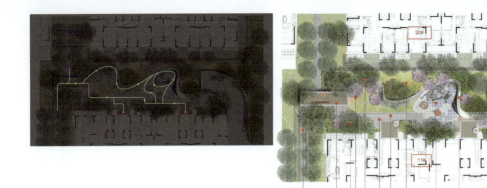

图9-88 山丘

宅间步道　休憩连廊　山樱花　游步道　入户雨棚　入户步道　景观地形　儿童活动场地　弧形挡墙　地库坡道　院落平面标注

动线分析

平面图

景观植栽坡　条形座椅　灌木　花钵　胶彩石铺装　樱花　草阶

造型花坛2示意图：

造型花坛内侧墙线

400

R5630　b　R4820

图9-89 墨点。将不同形状的圆弧有机地组合起来，给人们带来丰富的空间体验

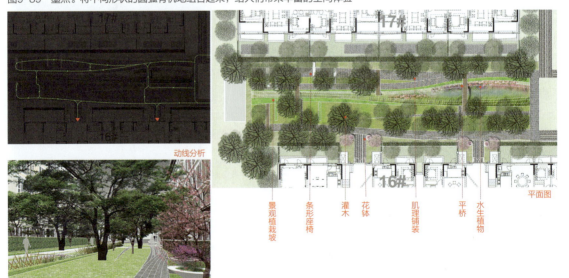

动线分析

平面图

景观植栽坡　条形座椅　灌木　花钵　肌理铺装　平桥　水生植物

图9-90 溪流

院落六：迷宫。结合南面人行道入口大门、入口屏风及圆形水景，形成多层景深，使行走空间更丰富，让回家的路线变得有趣（图9-91）。

院落七：编织。以步道为经，起伏的座椅为纬。花带、海棠林与游步道交织其中相映成趣，各色元素形成编织的肌理，创造院落花园的感人细节（图9-92）。

院落八：曲游。蜿蜒曲折的流水，古拙的笔墨晕染开来，同时，将异形坐凳、步道、绿带，以及道路有节奏、有韵律地纳入庭院中来（图9-93）。

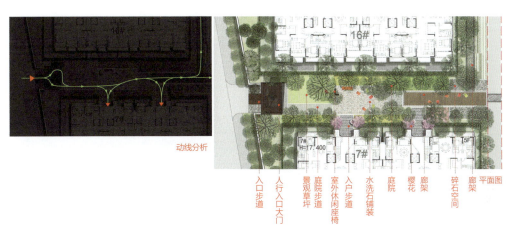

图9-91 迷宫。用各种矩形体块组成空间布局，搭配亭廊、小品、碎石、乔灌木形成丰富的庭院景观

图9-92 编织

图9-93 曲游

院落九：竹间。主干道上的树枝状铺装创造出有趣的小径，供小孩穿梭玩耍；铺装利用黑白石材对比，勾勒出有趣的线条（图9-94）。

（4）花园空间

1）游戏花园。在花园空间中利用流畅的曲线形元素营造出高低起伏的自然地形，在此地形上种植丰富的园林植物来营造大自然氛围。利用这些起伏的地形及座椅围合成儿童游戏空间，为儿童提供安全、舒适、自然的户外活动空间（图9-95）。

2）自在花园。花园四周设计起伏的山丘，地形的高低变化使整个空间变得更静谧、立体、丰富。人们漫步其中能感受到大自然的气息，呼吸植物的芳香，安闲自得，身心舒畅（图9-96）。

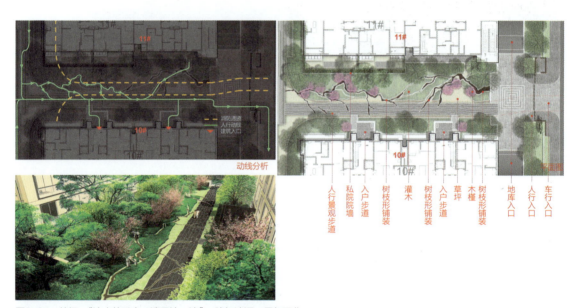

图9-94　竹间。"流水竹千个，清风沙一湾"，院如诗词，景如画作

图9-95　游戏花园

灌木球
景观植栽坡
草坪
儿童游乐场地

紫丁香

造型座椅
深灰色滨州青铺装
入户廊架
儿童游乐场
草坪

平面图

图9-96　自在花园。采用直线与曲线相结合的设计形式，在花园空间中，线条得以自由流动

2. 分析图

植物四季景观分析图、照明设计分析图（图9-97、图9-98）。

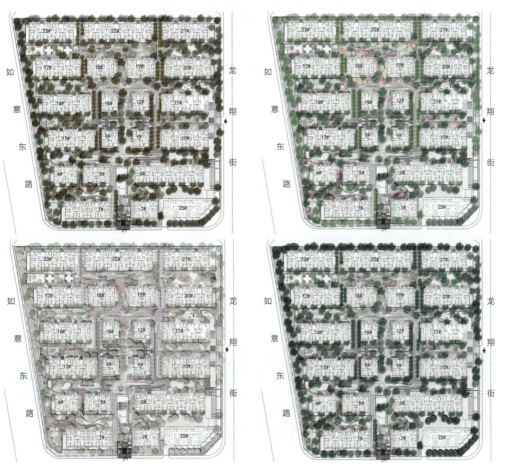

图9-97　植物的四季景观

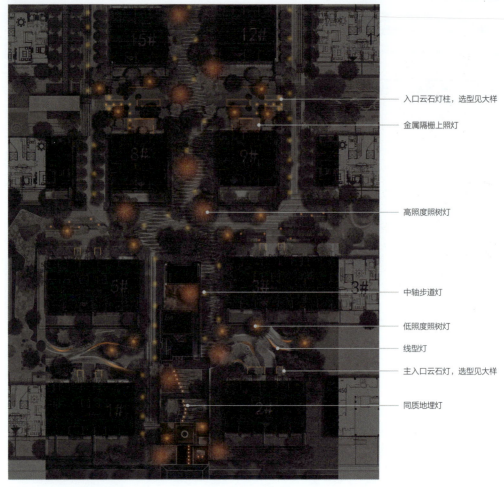

入口云石灯柱，选型见大样

金属隔栅上照灯

高照度照树灯

中轴步道灯

低照度照树灯

线型灯

主入口云石灯，选型见大样

同质地埋灯

图9-98　照明概念设计平面

3. 围墙设计

　　围墙是建筑立面的延伸。利用石板材和透绿隔栅结合的方式，增加围墙细节的变化（图9-99）。

围墙透视

围墙立面

围墙透视

围墙立面

图9-99　围墙设计图

4. 主入口设计

从主入口大门至会所入口设计了多层次的园林景观空间。人在经过一系列的石材围墙后，到达主入口。大门前的这个内凹空间便到了一进空间（图9-100）；将会所前的空间进行分割，在前半部分设计两个转折的坡道及廊架，营造出二进空间（图9-101）；在三进空间中，巧妙地运用弧线的设计手法，将坡道、水景、台阶、植栽整合在一起。人们在行走过程体验丰富的景观变化（图9-102）。

5. 西入口大门设计

门高3m，宽8m，中间开门尺寸为2.5～3m，门后的屏风阻隔了来自外界的干扰，将住宅空间隐藏其后（图9-103）。

图9-100　主入口一进空间。此空间设计主元素是铜质金属大门，及铜质感的水景元素。一株老树枝从铜墙上的小开口伸展出来，使入口空间别有一番风味，大门以及入口的细节设计，都呈现出一种低调的奢华与尊贵感

图9-101　主入口二进空间。人在坡道行走时，能体会景致的变化，实现移步换景的效果。不经意间便来到1.2m高的会所平台，到达了会所

图9-102 主入口三进空间。夜晚，利用精心设计的灯光和3000K的暖色调控制，打造出温馨舒适的氛围。这种环境让人感到放松，易于促进情感交流，并增进亲密感

图9-103 西入口大门

五、施工图阶段

施工图阶段是将设计与施工工作联系起来的重要环节，图纸中应准确标注出各项设计内容的尺寸、位置等信息（图9-104）。

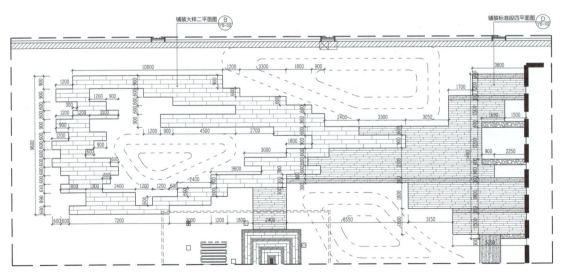

图9-104 自在花园平面图1∶100

六、建成实景效果

建成后实景照片。中轴线入口、主要景观节点及水景实际效果（图9-105~图9-108）。

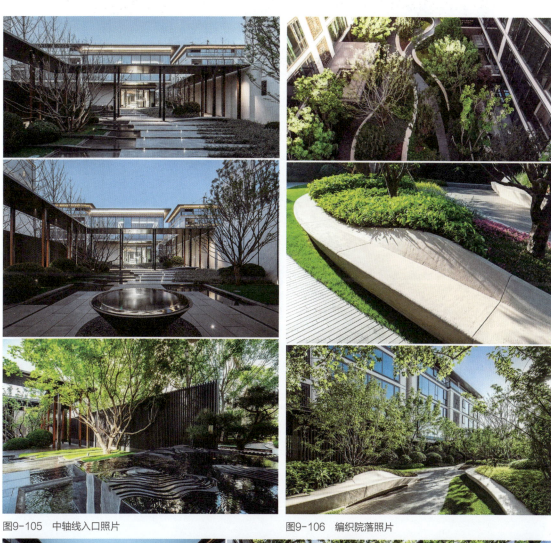

图9-105　中轴线入口照片　　　　　　　　　　　图9-106　编织院落照片

图9-107　曲游院落照片

图9-108　水景照片

本章总结

通过实际项目案例的设计流程分析，进一步提升对园林设计知识的理解和掌握；设计项目全过程解析也是对园林设计理论学习的复盘、设计实践的总结及项目成果的展现，是设计表达能力的学习过程。

本章所用案例来自上海浦东建筑设计研究院有限公司、太璞建筑环境设计咨询（上海）有限公司，这些案例都是近年来完成的优秀项目，并已竣工。希望通过优秀项目案例使同学及时了解园林设计的发展动向和潮流趋势，保证学习内容的前沿性。

课后作业

（1）完成课程大作业（"社区公园设计"项目设计）的最终全套设计效果图。

（2）撰写课程大作业的项目设计说明。

作业说明：①以上作业视具体情况可安排课堂训练指导和课后作业结合的形式完成；②以上作业的部分内容在课程的其他章节已经涉及。这也说明设计不是一蹴而就的，设计是一个不断修改、完善和提高的过程。

思考拓展

如何成为优秀的园林设计师？制订个人职业规划。

课程资源链接

拓展资料

[1] 张德顺，刘鸣，李秀芬. 应对气候变化的园林植物选择原理与方法[M]. 北京：中国建筑工业出版社，2019.

[2] 张德顺，芦建国. 风景园林植物学[M]. 上海：同济大学出版社，2018.

[3] 王晓俊. 风景园林设计（第三版）[M]. 南京：江苏科学技术出版社，2022.

[4] 周维权. 中国古典园林史（第二版）[M]. 北京：清华大学出版社，2003.

[5] 朱建宁，赵晶. 西方园林史（第三版）[M]. 北京：中国林业出版社，2019.

[6] 成玉宁. 数字景观逻辑结构方法与运用[M]. 南京：东南大学出版社，2019.

[7] [美]格兰特·W·里德，园林景观设计从概念到形式（第二版）[M]. 郑淮兵，译. 北京：中国建筑工业出版社，2014.

[8] 彭一刚. 中国古典园林分析[M]. 北京：中国建筑工业出版社，1986.

[9] 陈彦霖，胡文胜. 园林设计[M]. 北京：中国农业大学出版社，2012.

[10] 董薇，朱彤. 园林设计[M]. 北京：清华大学出版社，2015.

[11] 刘彦红. 植物景境设计[M]. 上海：上海科学技术出版社，2010.

[12] 李玉平. 城市园林景观设计[M]. 北京：中国电力出版社，2017.

[13] 王先杰. 园林设计[M]. 北京：气象出版社，2012.

[14] 全国一级建造师执业资格考试用书编写委员会. 建设工程项目管理[M]. 北京：中国建筑工业出版社，2021.

[15] 朱小平，朱彤，朱丹. 园林设计[M]. 北京：中国水利水电出版社，2012.

[16] 刘滨谊. 现代景观规划设计（第三版）[M]. 南京：东南大学出版社，2010.

[17] 曹福存，刘慧超，林家阳. 景观设计[M]. 北京：中国轻工业出版社，2020.

[18] 陈玲玲. 景观设计[M]. 北京：北京大学出版社，2022.

[19] 胡先祥. 景观规划设计[M]. 北京：机械工业出版社，2008.

[20] 成玉宁. 场所景观[M]. 北京：中国建筑工业出版社，2015.

[21] 吴卫光. 风景园林设计[M]. 上海：上海人民美术出版社，2017.